essentials

essentials liefern aktuelles Wissen in konzentrierter Form. Die Essenz dessen, worauf es als „State-of-the-Art" in der gegenwärtigen Fachdiskussion oder in der Praxis ankommt. *essentials* informieren schnell, unkompliziert und verständlich

- als Einführung in ein aktuelles Thema aus Ihrem Fachgebiet
- als Einstieg in ein für Sie noch unbekanntes Themenfeld
- als Einblick, um zum Thema mitreden zu können

Die Bücher in elektronischer und gedruckter Form bringen das Fachwissen von Springerautor*innen kompakt zur Darstellung. Sie sind besonders für die Nutzung als eBook auf Tablet-PCs, eBook-Readern und Smartphones geeignet. *essentials* sind Wissensbausteine aus den Wirtschafts-, Sozial- und Geisteswissenschaften, aus Technik und Naturwissenschaften sowie aus Medizin, Psychologie und Gesundheitsberufen. Von renommierten Autor*innen aller Springer-Verlagsmarken.

Jonas Michael Wilhelm Westphal

Die Nachhaltigkeit von Hanf

Ein Überblick über Produkt und
Nutzung in der Wirtschaft

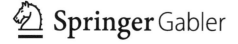

Jonas Michael Wilhelm Westphal
Grönwohld, Deutschland

ISSN 2197-6708   ISSN 2197-6716   (electronic)
essentials
ISBN 978-3-658-39334-2   ISBN 978-3-658-39335-9   (eBook)
https://doi.org/10.1007/978-3-658-39335-9

Die Deutsche Nationalbibliothek verzeichnet diese Publikation in der Deutschen Nationalbiblio-
grafie; detaillierte bibliografische Daten sind im Internet über http://dnb.d-nb.de abrufbar.

Planung/Lektorat: Carina Reibold
Springer Gabler ist ein Imprint der eingetragenen Gesellschaft Springer Fachmedien Wiesbaden
GmbH und ist ein Teil von Springer Nature.
Die Anschrift der Gesellschaft ist: Abraham-Lincoln-Str. 46, 65189 Wiesbaden, Germany

Was Sie in diesem *essential* finden können

- Einen Überblick über die Nachhaltigkeits-Politik der UNO (Agenda 2030) und der Bundesrepublik
- Einen Einblick in die Botanik, Ökonomie und rechtliche Situation des Nutzhanf
- Wie Nutzhanf im Rahmen der 17 Nachhaltigkeits-Ziele (SDG) dem Umwelt- und Klima-Schutz dienen könnte
- Wie Hanf (THC) als Medizin eingesetzt wird
- Wie die Vorteile des Nutzhanf politisch durch Legalisierung, Aufklärung und Forschung sowohl ökonomisch wie ökologisch umgesetzt werden könnten

Geleitwort

Für mich, der seit 40 Jahren für die Legalisierung von *Cannabis* streitet,[1] war es ein regelrechtes Aha-Erlebnis, zu lesen, wie hilfreich es wäre, wenn wir die ,positiven' Seiten derselben Pflanze, nämlich Hanf, bzw. *Cannabis sativa L,* bei einer der wichtigsten Aufgaben unserer Zeit einsetzen würden, um die Zerstörung unserer Welt aufzuhalten: also *nachhaltig* zu leben.

Und zwar eine doppelte Aha-Erfahrung sehr grundsätzlicher Art. Zunächst zu erfahren, wie sehr unser Drogen-vernebelter Blick stets nur die negativen Seiten dieser Pflanze im Auge hatte; gleich ob dies, wie noch immer üblich, die Jugend und Gehirn verderbende *THC*-Droge sein sollte, oder, wie wir ,Anti-Prohibitionisten' meinten, die Risiken der dagegen eingesetzten Repression. Womit diese beiden ,drogen-politischen' Kontrahenten sich derart wechselseitig in einem Gedanken-Gefängnis verbarrikadieren, dass sie nur mühselig und sehr beschränkt eben diese Droge, das natürliche *THC*, unter der Obhut der Bundesopium-Stelle, auch als Medizin anerkennen konnten. Und dass man – anders als etwa die ,giftige' Kartoffel-Pflanze[2] – selbst den ,Nutzhanf' in eben diesen Gefängnis-Garten verbannte: zunächst, um ihn für kurze Zeit, von 1982 bis 1996 vollkommen zu verbieten, um dann die Bedingungen seiner Zulassung ebenfalls im *Betäubungsmittel-Gesetz (BtMG)* zu verankern: wenn er ,weniger als 0,2 % *THC*' enthält oder als ,Schutzstreifen bei der Rübenzüchtung' dienen soll, um dann möglichst nur von landwirtschaftlichen Unternehmen, ,die der Alterssicherung der Landwirte' dienen, angebaut zu werden. Ein Aha-Erlebnis, das mir einmal mehr bewusst machte, wie einseitig wir – mit gutem Gewissen – unsere

---

[1] Als Autor des Buches *Drogenelend* (Campus-Verlag 1982) wie als Mitbegründer des Anti-Prohibition-Vereins Schildower Kreis (https://schildower-kreis.de).

[2] https://gizbonn.de/giftzentrale-bonn/pflanzen/kartoffel

Realität wahrnehmen, wie sehr wir, auch hier einmal mehr – ganz ohne böse Absicht – alles ausblenden oder uns zumindest doch passend zurechtschneiden, was nicht in diesen Rahmen, in diesen Drogen-*frame,* hineinpasst.

Liest man hier in dieser Schrift die beispielhaften Möglichkeiten, diesen Nutzhanf ‚nachhaltig' einzusetzen – in der Landwirtschaft zur Bodenverbesserung und Sicherung der Artenvielfalt, als strapazierfähige Faser anstelle von Baumwolle oder als ‚biologisches Plastik', oder sogar in der Bauwirtschaft als Dämm-Material und Hanf-Kalk, die im Rahmen eines *urban mining* recycelt werden können – dann staunt man immer wieder, wie befangen wir stattdessen unsere Umwelt mit Mais-Monokulturen, Pestiziden, Zement und Plastik zerstören, obwohl wir doch schon vor einem halben Jahrhundert, also vor zwei Generationen, durch den *Club-of-Rome* auf die Endlichkeit unserer Ressourcen hingewiesen worden waren[3]. Eine ‚Nach-uns-die Sintflut'- Haltung, auf die uns eigentlich erst die *‚Friday-for-Future'*-Jugend hinweisen musste.

Zwei sehr eigenartige Blockaden – im Denken und im Handeln – die ja nicht vom Himmel gefallen sind oder die gleichsam ‚natürlich' sich aus unseren Genen ergeben, so bequem dies uns auch als Ausrede dazu dienen mag, ohnehin nichts dagegen unternehmen zu können. Nein, zwei Blockaden, die seit der Mitte des letzten Jahrhunderts nach den Erfahrungen des II. Weltkriegs ‚Interessenpolitisch' von Menschen produziert, propagiert und aufrechterhalten wurden: Der US-amerikanische *‚Krieg gegen die Drogen'*[4] einerseits und die Massenproduktion von Plastik andererseits.[5] Zwei mächtige Akteurs-Gruppierungen: Der Staat, also die Ministerien, Parteien, Polizisten, Richter mitsamt den daran interessierten Therapeuten und warnenden Psychiatern auf der ‚Drogen'-Seite. Und die Wirtschaft, die Plastik-Industrie, die Verpackungs-Gesellschaft und die auf Massentierhaltung und Großbetriebe ausgerichtete industrielle Landwirtschaft auf der anderen Seite. Mächtige Interessenten, die sich ihrerseits international absichern: Auf der europäischen Ebene etwa im gemeinsam vom Europäischen Parlament und Rat verabschiedeten *‚Sortenkatalog des zertifizierten Saatgutes',* das dann im bundesdeutschen *BtMG* landet; sowie in den internationalen Konventionen, wie mit der *Single Convention on Narcotic Drugs* von 1961,[6] die zwingend die

---

[3] Vgl. dazu Jared Diamond (2006): Kollaps. Warum Gesellschaften überleben oder untergehen. Fischer Taschenbuch Verlag.

[4] https://de.wikipedia.org/wiki/War_on_Drugs

[5] https://www.bund.net/fileadmin/user_upload_bund/publikationen/chemie/chemie_plasti katlas_2019.pdf

[6] https://de.wikipedia.org/wiki/Einheitsabkommen_über_die_Betäubungsmittel

Strafbarkeit des Cannabis verlangt; und natürlich auch die großen internationalen Wirtschafts-Komplexe, die dann à la *McDonald* es jüngst unternahmen, per Gericht gegen den Versuch der Stadt Tübingen, eine Plastik-Abgabe einzuführen, vorzugehen.[7]

Doch scheint sich in den letzten Jahren auch hier das Blatt zu wenden. International kämpft auf der einen Seite eine hochrangig besetzte *Weltkommission für Drogenpolitik* seit 2011 für eine Entkriminalisierung der Drogen-Politik, der auf der anderen Seite die dieser Arbeit zu Grunde liegenden *UN-Nachhaltigkeits-Reports* eine neue Perspektive eröffnen. Auf nationaler Ebene gewinnt, wiederum von den USA mit vorangetrieben, die Entkriminalisierung des *Cannabis* auch als Vorhaben der neuen Ampel-Regierung an Fahrt. *THC* als Medizin und *CBD* als Nahrungs- und Kosmetik-Mittel schlagen erste Breschen in das noch immer dominierende Drogen-Gedanken-Gefängnis. Und die in diesem Buch beschriebenen ersten Experimente und Beispiele zeigen die Möglichkeit, den Nutzhanf selbst im Kampf um die CO_2-Reduktion sinnvoll einzusetzen. Möglichkeiten, die als solche dringend auf eine bisher noch fast völlig fehlende, doch vielversprechende, Forschung angewiesen sind. Weswegen der ‚Staat‘, also insbesondere die einschlägigen Bundes- und Landes-Ministerien – im Interesse der Nachhaltigkeit – aufgerufen sind, diese Chancen finanziell sowohl im Forschungs- wie auch im Subventionsbereich zu fördern. Wozu sie auch auf diese Schrift mit ihren reichhaltigen Quellen-Hinweisen zurückgreifen könnten und sollten.

Mai 2022 Prof. Stephan Quensel

---

[7] https://www.change.org/p/mario-federico-vorstandsvorsitzender-von-mcdonald-s-deutschland-umdenkenmcd-mcdonald-s-muss-klage-gegen-verpackungssteuer-in-tübingen-zurückziehen

Inhaltsverzeichnis

Abbildungsverzeichnis

Einleitung – Worum es geht

Der Blickwinkel auf Cannabis Sativa allgemein wird stets liberaler; die Stimmen der Legalisierung werden politischer und ausdrucksstärker; die legale Cannabis-Ökonomie weitet sich national wie international sprunghaft aus. Und die Forderung nach Nachhaltigkeit kommt international, wie in Deutschland immer mehr in die Diskussion vor allem in Bezug auf Klima und Ökologie. In dieser Arbeit wird untersucht, wie der Einsatz der Pflanze Cannabis Sativa dazu beitragen kann, die Ziele des UN-Nachhaltigkeits-Reports, der sog. Agenda 2030 und deren 17 SDGs (Sustainable Development Goals) zu erreichen, und wie dies in der Bundesrepublik Deutschland realisiert wird bzw. werden könnte.

Gegenüber der deutlich ideologisch eingefärbten Legalisierungs-Debatte[1] hat sich seit den 80er Jahren gleichsam unterschwellig eine eigenständige Cannabis-Ökonomie entwickelt, die zunächst als Coffee-Shop-, Club- und Eigenanbau-Idee den konsumorientierten Handel und Gebrauch vorantrieb, um darauf den traditionell florierenden Gebrauch und technischen Nutzen des Hanfes zu betonen und praktisch umzusetzen. Dabei setzt man sowohl auf die pflanzlichen Eigenschaften der Hanfpflanze: Fasern, Samen, wie auch auf deren spezifische (Drogen-) Pharmazie: Medikamente, Kosmetika. Zwei ‚positive‘, ökonomisch-ökologische Aspekte für eine an sich umfassendere Cannabis-Diskussion, auf die ich mich jedoch in dieser Arbeit beschränke, ohne auf die gleichwohl gewichtig bleibenden traditionellen Legalisierungs-Argumente oder die jüngst beginnende CBD-Diskussion, die beide im folgenden Abschnitt kurz angesprochen werden, näher einzugehen.

---

[1] Vgl. etwa: Bureg/BÜNDNIS 90/DIE GRÜNEN (2020).

J. M. W. Westphal, *Die Nachhaltigkeit von Hanf,* essentials, https://doi.org/10.1007/978-3-658-39335-9_1

So dominiert in der gegenwärtigen Cannabis-Debatte noch immer die traditionelle Legalisierungs-Illegalisierungs-Perspektive, in der die eine Seite[2] – ethnologisch-kulturell sowie historisch-soziologisch – als ‚positive' Aspekte des Cannabis den zumeist subkulturell ausgerichteten Freizeitkonsum betont, wobei man sich auf die Grundrechte des Grundgesetzes und die UN-Menschenrechts-Konvention beruft und die negativen Seiten der Repression betont.[3] Während die andere psychiatrisch-strafjuristisch dominierte Seite allein dessen schädliche Auswirkungen auf die individuelle und gesellschaftliche Gesundheit betont, um den Gebrauch von Cannabis juristisch als ‚illegalisierte', mit Strafen bedrohte Droge möglichst einzuschränken, wenn nicht gar auszurotten.[4]

Auch auf die jüngste Diskussion um den Einsatz von reinem CBD (Cannabidiol),[5] das, anders als THC, keine psycho-aktive Wirkung aufweist, wird nicht näher eingegangen. Von den drei Einsatzmöglichkeiten – als Lebensmittel, Medizin und Kosmetika – ist z.Z. vor allem der Lebensmittelbereich umstritten,[6] der medizinische Einsatz lediglich für zwei Mittel zugelassen, während CBD als kosmetisches Mittel – vor allem im Internet ausgiebig beworben[7] – frei zugänglich ist, wobei in der Praxis die dort angebotenen Hanf-Öle und -Kapseln[8] auch als Heilmittel beworben werden.

---

[2] Global Commission on Drug Policy (2021); Klein und Stothard (2018).
[3] Böllinger (2016).
[4] Jähnert (2021); Drogenbeauftragte (2021).
[5] Zur Diskussion: Knodt (2021); Wurth (2020).
[6] Verwaltungsgericht Berlin (2021).
[7] Steinort (2021).
[8] Stiftung Warentest (2021); Kurzfassung: Stiftung Warentest (2021)a.

Nachhaltigkeit

2

Die Vorstellung, weltweit ‚nachhaltig' wirtschaften zu müssen gewann erst zu Beginn dieses Jahrhunderts an Bedeutung. Aufbauend auf dem lange nicht ernst genommenen Bericht des Club of Rome ‚*Die Grenzen des Wachstums'* (1972), der auf die endlichen Grenzen der Welt-Ressourcen hinwies, veröffentlichte die Weltkommission für Umwelt und Entwicklung 1987 ihren Bericht unter dem Titel „*Unsere gemeinsame Zukunft. Der Brundtland-Bericht der Weltkommission für Umwelt und Entwicklung*", der erstmals eine konkrete Definition des Begriffs der nachhaltigen Entwicklung definierte: „*Dauerhafte (nachhaltige) Entwicklung ist Entwicklung, die die Bedürfnisse der Gegenwart befriedigt, ohne zu riskieren, dass künftige Generationen ihre Bedürfnisse nicht befriedigen können.*"[1] Nach mehreren Folge-Konferenzen der UN: 1992 in Rio de Janeiro, 2000 in New York (Millenniumsgipfel), 2002 in Johannesburg und 2012 wiederum in Rio de Janeiro, fasste die UN 2015 in New York den Beschluss ‚*Agenda 2030'* für nachhaltige Entwicklung mit 17 Zielen und insgesamt 169 Unterzielen (Sustainable goals: SDGs), die Ban Ki-moon, der damalige Generalsekretär der Vereinten Nationen, wie folgt zusammenfasste: „*Die Agenda hat nicht nur die Beseitigung der extremen Armut zum Ziel, sondern auch die ausgewogene Integration der drei Dimensionen der nachhaltigen Entwicklung – der wirtschaftlichen, der sozialen und der ökologischen Dimension – in eine umfassende globale Vision.*"[2]

Im Bericht der Folgekonferenz von 2020 unterstreicht der gegenwärtige Generalsekretär der UN, António Guterres, in seinem Vorwort[3] diese Ziele mit

---

[1] Brundtland-Bericht (1987).
[2] Vereinte Nationen (2016).
[3] Vereinte Nationen (2020).

J. M. W. Westphal, *Die Nachhaltigkeit von Hanf,* essentials, https://doi.org/10.1007/978-3-658-39335-9_2

besonderer Betonung der mittlerweile zunehmend in den Blick geratenden Klimakrise:[4] *„Die Agenda 2030 für nachhaltige Entwicklung wurde 2015 ins Leben gerufen, um die Armut zu beenden und die Welt auf einen Pfad des Friedens, des Wohlstands und der Chancen für alle auf einem gesunden Planeten zu führen. Dazu müssen wir das Rennen gegen den Klimawandel gewinnen, entschieden gegen Armut und Ungleichheit vorgehen, alle Frauen und Mädchen zu echter Selbstbestimmung befähigen und überall inklusivere und gerechtere Gesellschaften schaffen.“* Doch warnt er zugleich: *„Der vorliegende Bericht zeigt anhand der neuesten Daten, dass die Fortschritte auch vor der COVID-19-Pandemie ungleichmäßig und unzureichend waren, um die Ziele bis 2030 zu erreichen.“ [...] „Jetzt gefährdet mit COVID-19 eine beispiellose gesundheitliche, wirtschaftliche und soziale Krise Menschenleben und Existenzgrundlagen und gestaltet die Erreichung der Ziele noch schwieriger.“* Eine Warnung, die durch den jüngsten Sixth Assessment-Report *Climate Change 2021: The Physical Science Basis, the Working Group I* (06.08. 2021)[5] erschreckend unterstrichen wird.

In Deutschland begann die Institutionalisierung dieser Forderung nach Nachhaltigkeit,[6] die *„in der breiten Öffentlichkeit [...] kaum bekannt [ist]“*,[7] 2001 mit der Einrichtung eines von der Bundesregierung einberufenen *Rats für Nachhaltige Entwicklung* (RNE) sowie seit 2004 durch einen *Parlamentarischen Beirat für nachhaltige Entwicklung* (PBnE), der *„die nationale und europäische Nachhaltigkeitsstrategie [begleitet]. Auch prüft er die Nachhaltigkeits-Folgenabschätzung von Gesetzen.“*[8] Koordiniert von einem durch das Bundeskanzleramt geführten *Staatssekretärs-Ausschuss* (St-Ausschuss), *„in der alle Ressorts auf Ebene der fachlich zuständigen Unterabteilungsleiter vertreten sind“*[9], beraten von einem *Deutschen Lösungsnetzwerk für nachhaltige Entwicklung* (SDSN Germany), in dem *„seit 2014 führende deutsche Wissensorganisationen sowie Partner aus Wirtschaft und Gesellschaft zusammen [arbeiten]“*,[10] sowie auf der Basis eines komplexen ‚gesellschaftlichen Dialogs 2019/2020‘,[11] überarbeitete die Bundesregierung in Anlehnung an die jüngste UN-Resolution von 2020 ihre eigenen

---

[4] Klima-Übereinkommen von Paris (2015).

[5] IPCC (2021); IPCC (2022); Umweltbundesamt (2022).

[6] DNS Weiterentwicklung (2021) und dort die Abb. Institutionen.

[7] Vereinte Nationen (2016, S. 232).

[8] DNS (2017, S. 14).

[9] DNS (2017, S. 249).

[10] DNS Dialogfassung (2021, S. 37).

[11] DNS Dialogfassung (2021, S. 8).

Nachhaltigkeitsziele, die ebenfalls verstärkt vom Klimaschutz-Gedanken getragen werden:[12] Urteil des Bundesverfassungsgerichts vom 29.04.2021[13] sowie Neufassung des Klimaschutzgesetzes.[14]

---

[12] DNS Weiterentwicklung (2021).

[13] Traufetter (2021).

[14] Klimapakt Deutschland (2021); Klimaschutzgesetz (2021).

Kulturpflanze Hanf

Die uralte Kulturpflanze Hanf,[1] die auch als Nutzhanf in Deutschland von 1982 bis 1996 verboten war,[2] kann unter ökologischem Aspekt als ‚Naturprodukt' eingesetzt werden, also ohne Rückgriff auf weitere Grundstoffe und ohne Rückstände abfallfrei recyclebar, weshalb das Bundesministeriums für Ernährung und Landwirtschaft schreiben kann:[3] *„Hanf – wissenschaftlich korrekt Cannabis sativa genannt – wurde in China bereits vor mehr als 10.000 Jahren genutzt. Unterschiedliche Hanfsorten lassen sich in fast allen Klimazonen der Erde anbauen – im subtropischen Südamerika ebenso wie im rauen Klima Sibiriens. Die einjährigen Pflanzen wachsen in sechs Monaten bis zu vier Meter hoch und sind extrem vielfältig einsetzbar. Vom Stängel über die Blüte bis zu den Samen ist die komplette Pflanze verwertbar."*

Hanf kann auch unter mitteleuropäischen klimatischen Verhältnissen, sowohl auf Moorböden wie auf Brachen, und sogar auf sog. ‚minderwertigen' und Wasser-armen Böden angebaut werden, da die Wurzeln auf der Suche nach Grundwasser bis zu zwei Meter in die Erde reichen.[4] Sie wächst als Faserhanf optimal bis auf 2 bis 2,5 m[5] und als Samenhanf, ähnlich wie Mais, innerhalb von 100 Tagen bis zu einer Höhe von 4 bis 5 m. Sie benötigt kaum Pflanzenschutzmittel (PSM: Insektizide, Pestizide) und in Maßen Stickstoff-Dünger. Dazu heißt es in der Antwort der Bundesregierung vom 4.7.2019 auf die Anfrage der Linken:[6] *„Aufwendungen für Pflanzenschutzmittel beim Anbau von Nutzhanf*

---

[1] Herer und Bröckers (1994, S. 115–198).

[2] Bòcsa und Karus (1997, S. 21).

[3] Klöckner (2018, S. 21).

[4] Bòcsa und Karus (1997, S. 26 ff.)

[5] Herer und Bröckers (1994, S. 299–372).

[6] Bureg/DIE LINKE (2019).

© Der/die Autor(en), exklusiv lizenziert an Springer Fachmedien Wiesbaden GmbH, ein Teil von Springer Nature 2022
J. M. W. Westphal, *Die Nachhaltigkeit von Hanf,* essentials,
https://doi.org/10.1007/978-3-658-39335-9_3

(sowohl Herbizide als auch Fungizide oder Insektizide) sind derzeit sehr gering bzw. nicht erforderlich. Hanf könnte deshalb für die landwirtschaftliche Praxis zukünftig ein sehr interessantes Fruchtfolgeglied werden." Sie verbessert die Bodenqualität: *„viele Vorteile, wie die gute Vorfruchtwirkung, die positiven Wirkungen auf die Durchwurzelung der Böden und die Bodengare, das relativ niedrige Intensitätsniveau bei Düngung und Pflanzenschutz, der hohe Boden-/Erosionsschutz und das geringe Risiko der Nährstoffauswaschung in Grund- und Oberflächengewässer."* *„Der Anbau von Sommerkulturen, insbesondere von Blattfrüchten, hat einen positiven Einfluss auf die Auflockerung getreideintensiver Fruchtfolgen."*[7] Aber auch Winterkulturen empfehlen sich als gute Zwischenfrucht, wie Susanne Richter in ihrer landwirtschaftlich-empirischen Dissertation (2018) nachweisen kann: *„Der Anbau von Faserhanf (Cannabis sativa L.) als Winterzwischenfrucht bietet den Landwirten eine zusätzliche Wertschöpfung und steigert die Produktion des natürlichen Faserrohstoffs, der verstärkt in innovativen Werkstoffen eingesetzt wird."*[8]

Hanf wird in drei voneinander deutlich unterschiedenen Unterarten gezüchtet: *„Cannabis is divided mainly into three phenotypes: phenotype I (drug-type), with Δ9-Tetrahydrocannabinol (THC) >0,5 % and cannabidiol (CBD) <0,5 %; phenotype II (intermediate type), with CBD as the major cannabinoid but with THC also present at various concentrations; and phenotype III (fiber-type or hemp), with especially low THC content."*[9] Wobei ich in meiner Arbeit den Typ II und III zusammenfasse: als ‚Nutzhanf' ohne die pharmazeutische ‚Drogen'-Komponenten THC (Delta-9-THC), wohl aber mit CBD (Cannabidiol), zur Verwendung als ‚Industriehanf'.

3.1   Nutzhanf

Bei diesem Nutzhanf werden seine holzartigen Schäben sowie seine Fasern verwendet, deren ‚primäre' Faserbündel bis zu zwei Meter lang werden können Seine Zulässigkeit ist im Betäubungsmittel-Gesetz (BtMG) § 19, Anlage 1 vom generellen Cannabis-Verbot ausgenommen, wenn die Pflanzen im *„gemeinsamen Sortenkatalog für landwirtschaftliche Pflanzenarten*[10] *aufgeführt sind, oder ihr Gehalt an Tetrahydrocannabinol 0,2 % nicht übersteigt und der Verkehr mit*

---

[7] Bòcsa und Karus (1997).
[8] Richter (2018).
[9] Suman et al. (2017, S. 81).
[10] BLE Sortenliste (2022).

ihnen (ausgenommen der Anbau) ausschließlich gewerblichen oder wissenschaftlichen Zwecken dient, die einen Missbrauch zu Rauschzwecken ausschließen. "[11] Eine Grenze, die unter dem europäischen Niveau von 0,3 % liegt,[12] und die angesichts natürlicher Schwankungen rasch zur Vernichtung des ganzen Feldes führen kann. Laut Antwort der Bundesregierung der Bundesregierung vom 04.07.2019 auf die Anfrage der Linken Dr. Kirsten Tackmann u. a.[13] wurden in Deutschland 2018 auf 2148 ha 3651,6 t Nutzhanf angebaut und 6158,8 t vorwiegend aus Canada, Holland und Portugal eingeführt; in der EU wurden 2018 insgesamt 26.900 ha angebaut, wobei der Schwerpunkt mit zuletzt 16.500 ha in Frankreich lag.

Die auch parteipolitisch umstrittenen ,Potenziale' des Nutzhanf werden im gemeinsamen Antrag der Fraktionen Die Linke und Die Grünen vom 14.1.2021 besonders deutlich, die vor allem dessen Bindung an die BtMG-Regelungen kritisieren: *,,Gleichzeitig [zu den 6 Leitlinien der Ackerbaustrategie 2035] kann der einheimische Nutzhanfanbau auch einen Beitrag zur Erreichung der 17 Nachhaltigkeitsziele der UN leisten und so der Sicherung einer nachhaltigen Entwicklung auf ökonomischer, sozialer sowie ökologischer Ebene dienen. "*[14]

3.2 Medizinischer Hanf

Als 'medizinischer Hanf' dient Hanf des Phänotyps I zur Gewinnung des von Raphael Mechoulam erst 1964 entdeckten THC bzw. des CBD, das erst in jüngster Zeit an Interesse gewinnt, während ein Großteil der sonstigen,120 phytocannabinoids', wie etwa *,,Tetrahydrocannabivarin (THCV), Cannabichromene (CBC), Cannabigerol (CBG) and Cannabinol (CBN)"*[15] bisher kaum näher untersucht wurde. Er fällt insoweit unter das BtMG, auf das ich nicht näher eingehe, doch wird sein Anbau seit dem 19.03.2017 in § 19 BtMG seit 2019 durch die Cannabisagentur bei der Bundesopiumstelle zugelassen und geregelt[16] wobei *,,das Start-up Cansativa*[17] *als exklusiver Partner die notwendige Logistik übernahm. "*[18] Seit Spätsommer 2021 beteiligt sich auch Deutschland an diesem Markt

---

[11] BtMG § 1, Anlage I.

[12] HempToday (2020).

[13] Bureg/DIE LINKE (2019).

[14] Bureg/DIE LINKE/Bündnis 90/DIE GRÜNEN (2021, S. 2).

[15] Suman et al., (2017, S. 84).

[16] BfArM (2020); BfArm (2022).

[17] Endris (2020); CANSATIVA (2021).

[18] Telgheder (2021).

mit erlaubten 10.400 kg. in 4 Jahren, das sind 2.600 kg jährlich,[19] die jetzt auch in Deutschland auf ausgewählten Feldern angebaut werden.[20] Während man bisher diese Cannabisblüten aus standardisierten Betrieben in Canada, Niederlande sowie Portugal, und neuerdings auch aus Lesotho/Südafrika und Jamaika[21] bezog (mit jeweils vorgegebenen THC und CBD-Gehalt), von denen 2020 *„insgesamt mehr als neun Tonnen [...] nach Deutschland eingeführt wurden – 37 % mehr als im Vergleich zum Vorjahr."*[22]

3.3   Samen[23]

Der Samen kann sowohl vom gesondert gezüchteten Samenhanf oder in Doppelnutzung vom Nutzhanf gewonnen werden.[24] Er enthält kein THC und wird vorwiegend für Hanfsamenmehl und Hanfsamen Öl verwendet. Er unterliegt nach der gleichen Gesetzesänderung nicht dem BtMG, *„sofern er nicht zum unerlaubten Anbau bestimmt ist."* Hanfsamen sind cholesterin- und glutenfrei, sowie frei von Rückständen, *„sie enthalten große Mengen an hochwertigem und leicht verdaulichem Eiweiß, und zwar bis zu 25 g pro 100 g Hanfsamen."*[25] Sie bestehen insgesamt aus über 30 % Öl, 25 % Proteinen (Edestin, Albumin), Ballaststoffen, Vitaminen, Mineralien und große Mengen aller essenziellen Aminosäuren, ihr Öl enthält 80 % mehrfach ungesättigte Fettsäuren und eine hohe Dosierung von zwei essenziellen Fettsäuren[26].

---

[19] BfArM (2021).
[20] Telgheder (2021).
[21] Boedefeld (2021); Cantourage (2021).
[22] Bureg/BÜNDNIS 90/DIE GRÜNEN, (2020).
[23] Unkart (2020).
[24] Bòcsa und Karus (1997 S. 130, 156).
[25] Wir leben nachhaltig (o. J.)
[26] Callaway (2004 S. 65–72).

UN- Ziele (SDG) einer Nachhaltigen Entwicklung

4

Will man das Nachhaltigkeits-Potential von Hanf den einzelnen SDGs zuordnen, gerät man in eine doppelte Schwierigkeit: Einerseits wurden die 17 SDGs bisher sehr allgemein entsprechend den ursprünglichen UN-Ambitionen entwickelt: Keine Armut (SDG 1), Kein Hunger (SDG 2), Geschlechter Gleichheit (SDG 5), weniger Ungleichheit (SDG 10), Frieden Gerechtigkeit und Starke Institutionen (SDG 16) und Partnerschaften zur Erreichung der Ziele (SDG 17). Andererseits erfüllen bestimmte Vorhaben in unterschiedlichem Ausmaß zugleich mehrere SDGs, sodass die Bundesregierung in ihrem Papier ‚Deutsche Nachhaltigkeitsstrategie Weiterentwicklung 2021‘ etwa bei der Erläuterung zum SDG 6 (Grundwasser) festhält: *„Die Erreichung dieser Ziele ist auch von großer Bedeutung für andere SDGs, insbesondere Gesundheit (SDG 3), Geschlechtergleichstellung (SDG 5), Energie (SDG 7), Wirtschaft und Industrie (SDGs 8, 9), Städte (SDG 11) sowie Ernährung und Land- und Forstwirtschaft (SDGs 2, 15)."*[1]

Wegen dieser Korrelationen untereinander hat die Bundesregierung in ihrer jüngsten weiter entwickelten ‚Nachhaltigkeitsstrategie 2021‘, aus den SDG 3 bis 15 die folgenden zusammenfassenden *„sechs Transformationsbereiche"* gebildet: 1. Menschliches Wohlbefinden und Fähigkeiten, soziale Gerechtigkeit (SDG 3, 4, 5, 8, 9, 10). 2. Energiewende und Klimaschutz (SDG 7 und 13), 3. Kreislaufwirtschaft (SDG 8, 9, 12), 4. Nachhaltiges Bauen und Verkehrswende (SDG 7, 8, 9, 11, 12, 13), 5. Nachhaltige Agrar- und Ernährungssysteme (SDG 2, 3, 8, 12, 13) und 6. Schadstofffreie Umwelt (SDG 6, 8, 9, 14, 15).[2] Vorher ausführlich behandelt, aber nicht in die Transformationsbereiche einbezogen, wurden dort die Ziele: Keine Armut (SDG 1), Frieden Gerechtigkeit und Starke Institutionen (SDG 16) sowie Partnerschaften Erreichung der Ziele (SDG 17). Doch werden auch diese

---

[1] DNS – Dialogfassung (2021, S. 148).

[2] DNS – Dialogfassung (2021, S. 49–60).

© Der/die Autor(en), exklusiv lizenziert an Springer Fachmedien Wiesbaden GmbH, ein Teil von Springer Nature 2022
J. M. W. Westphal, *Die Nachhaltigkeit von Hanf,* essentials,
https://doi.org/10.1007/978-3-658-39335-9_4

Ziele im Kapitel C, in dem die 17 Ziele mit ihren statistischen Indikatoren einzeln dargestellt werden, mit aufgenommen.

Natürlich erfasst das spezielle Nachhaltigkeits-Potential von Hanf/Cannabis weder alle SDG gleichermaßen, noch lässt es sich auf bestimmte SDG allein beschränken. Es erscheint deshalb sinnvoll, die im Hanf liegenden Nachhaltigkeits-Chancen ebenfalls auf die für ihn typischen Schwerpunkte einzugrenzen, wofür sich nach SDG 2 (Hunger) und SDG 3 (Gesundheit), SDG 6 und 14 (sauberes Wasser, Ozeane), und, in Anlehnung an den 4. Transformationsbereich, die SDG 11 (Nachhaltige Städte und Gemeinden) für die alternativen Hanf-Baumaterialien und 12 (Innovation, Konsum und Produktion) für die sonstigen alternativen Hanf-Werkstoffe, anbieten, die in ihrer Weise neue Einkommens- und Arbeitsfelder eröffnen und damit jeweils auch die SDG 1 (Armut) sowie die SDG 8 und 9 (Arbeit und Industrie) erfüllen können. Die beiden Schwergewichte SDG 13 (Klima) und SDG 15 (Landwirtschaft) werden jeweils gesondert behandelt. Anlässlich der restlichen beiden SDG wird bei SDG 16 (Frieden, Gerechtigkeit, Starke Institutionen) kurz die Arbeit der Kriminaljustiz angesprochen. Die Notwendigkeit der Forschung wird unter dem Ziel 4 (Bildung) und die Rolle der Akteure wird unter SDG 17 (Partnerschaften zur Erreichung der Ziele) besprochen. Für SDG 5 (Geschlechtergleichheit) ließ sich kein Anwendungsfall finden.

4.1   SDG 2: Kein Hunger

Natürlich kann Cannabis kaum etwas zur Lösung des globalen Hungerproblems beitragen, das unter SDG 2 in der ‚Deutschen Nachhaltigkeitsstrategie 2021 dementsprechend allgemein gefasst wurde: *„Eine nachhaltige, resiliente und zugleich innovative und produktive Landwirtschaft ist der Schlüssel für die globale Ernährungssicherung. "*[3] Auch wird man unter diesem SDG kaum den Cannabis-THC-Konsum der *„rund 11,1 % der Jungen im Alter von 12 bis 17 Jahren* [die in Deutschland 2019] *in den letzten 12 Monaten mindestens einmal Cannabis konsumiert "*[4] hatten, fassen wollen. Doch erweist sich diese Blüte auch hier durch ihren reichhaltigen Gehalt von Cannabinoiden als wirkliches ‚Superfood' mit einem ausgewogenen Nährstoffgehalt. Sie kann als Tee getrunken oder zu Ölen oder Butter verarbeitet werden. Auch kann man mit ihr die Nahrungspalette heimisch

---

[3] DNS – Dialogfassung (2021, S. 138).
[4] Statista (2020).

ausweiten.[5] Bekannt sind die Samen, die wie Leinsamen verwendet werden können,[6] zum Beispiel im morgendlichen Müsli, doch kann auch Mehl oder Schrot
aus den Samen gewonnen werden, während bei der Hanfsamen-Öl Herstellung
als Nebenerzeugnis Hanfpresskuchen entsteht, der als Futtermittel verwertet werden kann, der aber auch von Vegetariern und Veganern als wichtige pflanzliche
Eiweißquelle geschätzt wird,[7] zumal Hanf wie in tierischen Produkten Vitamin
B 2 enthält.[8]

Das aus den Samen gewonnene nussige Hanf-Öl[9] ist *„eines der besten Speiseöle"*, das die essentielle Omega 6 Fettsäure (Gamma Linolen-Säure GLA) enthält,
die derzeit aus Nachtkerze und Borretsch gewonnen wird,[10] und das man nicht
mit dem CBD-Öl-Hype – *„Ein in einem Basisöl (Olivenöl oder Hanföl) gelös-
ter Extrakt aus THC-armen/freien, aber CBD-reichen Hanfblüten"* – verwechseln
sollte.[11]

Versuche zeigten zudem, dass durch Beimischen von Hanf ins Tierfutter etwa
bei Hühnern der Omega 3 und Omega 6 Gehalt der Eier massiv anstieg[12], oder
dass ein Verfüttern von Hanf bei Kühen die Fleisch- und Milch- Produktion und
Qualität drastisch verbesserte.[13]

4.2   SDG 3: Gesundheit und Wohlergehen

Im ursprünglichen UN-Bericht von 2016[14] hieß es zum Ziel 3 sehr allgemein:
*„Zur Erreichung von Ziel 3 gilt es, die reproduktive Gesundheit und die Gesund-
heit von Müttern und Kindern zu verbessern, HIV/Aids, Malaria, Tuberkulose und
vernachlässigte Tropenkrankheiten zu beenden, nichtübertragbare und umweltbe-
dingte Krankheiten zu verringern und für alle eine Gesundheitsversorgung und den
Zugang zu sicheren, bezahlbaren und wirksamen Medikamenten und Impfstoffen zu
sichern."* Während die Bundesregierung in ihrer ‚weiterentwickelten Deutschen

---

[5] EIHA (2020); 23 Hanf Rezepte: in: kochbar (2022); Gebhardt (2016).
[6] Unkart (2020).
[7] Wir leben nachhaltig (o. J.)
[8] USDA (2019).
[9] Herer und Bröckers (1994, S. 338–347).
[10] Rehberg (2022); Bòcsa und Karus (1997, S. 161).
[11] Rehberg (2022).
[12] Neijat (2015).
[13] Karlsson et al. (2010).
[14] Vereinte Nationen (2016).

Nachhaltigkeitsstrategie 2021' vornehmlich auf Prävention und Digitalisierung setzt. Sie will, auch als Folge der Corona-Pandemie, das eigene Gesundheitssystem weiter stärken und vor allem in Zusammenarbeit mit der WHO im Interesse der Dritten Welt wirksam werden.[15]

Doch findet man hier wenig zur Notwendigkeit einer medizinisch-pharmakologischen Entwicklung dieses SDG 3, obwohl die gerade grassierende weltweite Corona-Epidemie, die auch den UN-Report 2020 tiefgreifend einfärben konnte, belegt, wie sehr die überaus rasche Impfstoff-Entwicklung als zentrales Nachhaltigkeits-Instrument weltweit selbst das ökonomische Geschehen bestimmen kann, und zwar insbesondere auch das Verhältnis der entwickelten zu den weniger entwickelten Ländern. In diesem Rahmen ist auch der bescheidenere Beitrag des noch immer vornehmlich als ,Droge' wahrgenommenen Cannabis zu sehen, gleich ob es sich um die Verwertung des THC (Tetra-Hydrocannabinol) oder des vom THC-gereinigten CBD (Cannabidiol) handelt.[16]

Das medizinische Wirkungsspektrum von Cannabis ist bisher nur unzureichend erforscht; obwohl ein breites ethnomedizinisches Wissen[17] vorhanden ist und bereits zu Beginn unseres Jahrhunderts die diversen Anwendungsmöglichkeiten bekannt waren: *„Der Wissensstand zu Cannabis als Pharmakotherapie ist noch immer ausbaufähig."*[18]

Dementsprechend unterscheiden sich die Angaben der daran Interessierten erheblich:

So schrieb der Hanfverband schon zu Beginn dieses Jahrhunderts ,Wie Hanf hilft- Wem Hanf helfen kann',[19] während Kirsten **Müller-Vahl** und Franjo **Grotenhermen** (2017) nach der lang erhofften Änderung des BtMG im Deutschen Ärzteblatt, ausgiebig über den medizinischen Einsatz von Cannabis informieren.

In einer vom Bundesministeriums für Gesundheit in Auftrag gegebenen, sehr gründlichen Metaanalyse der einschlägigen wissenschaftlichen Literatur beklagen schließlich im Jahr 2019 die Herausgeber Eva Hoch, Chris Maria Friemel und Miriam Schneider, Autoren aus der Münchener Klinik für Psychiatrie und Psychotherapie (LMU), unter dem Titel ,Cannabis: Potenzial und Risiko'

---

[15] DNS Weiterentwicklung (2021, S. 150 ff.)

[16] Zur Vorgeschichte: Akzept/Aidshilfe (2019 S. 120–131).

[17] Rätsch (2016).

[18] Johnsen und Maag (2020, S. 4–5).

[19] Geyer (2006, S. 19).

diesen insgesamt unzureichenden Forschungsstand, der u. a. zwar hinsichtlich der Schmerz-Reduzierung mittlere Erfolge verzeichne, bei den psychischen
Störungen dagegen weithin noch offen sei.[20]

Eine forschungsmäßig absolut noch offene Situation, die auch das Positionspapier von Heino Stöver et al. (2021) festhält.[21]

Statistik der Apotheken
Diesem wissenschaftlichen Befund entspricht die Statistik der Apotheken (2018) in
Tabelle *„Apothekenumfrage: Sollte Cannabis in Deutschland legalisiert werden?"*
(Abb. 4.1)[22], nach der Cannabis ganz überwiegend als Schmerzmittel gekauft wurde,
psychische Störungen dagegen unter ‚Sonstiges' verbucht wurden: Entsprechend
verschobene Daten ergeben sich für 2020 auch aus der Tabelle *„Erkrankung bzw.
Symptomatik"*[23], des BfArM (Abb. 4.2) – freilich ohne Privatrezepte,[24] – die in der
Antwort der Bundesregierung auf Anfrage der Linken vom 23.03.2020 enthalten
ist. Auch der jüngst publizierte Abschlussbericht einer Begleiterhebung des BfArM
(2022a) schreibt: *„Mehr als 75 % der ausgewerteten Behandlungen erfolgten aufgrund chronischer Schmerzen. Weitere häufig behandelte Symptome waren Spastik
(9,6 %) und Anorexie/Wasting (5,1 %)."*

Jedoch kritisieren Franjo Grotenhermen und Maximilian Plenert[25] in ihrem ‚Update zu Cannabis als Medizin' im Jahr 2020, dass hierbei *„Patient_innen mit vielen
anderen Indikationen unterrepräsentiert"*[26] *seien. Dies ergäbe sich aus der „Verteilung der Erkrankungen, für die die Bundesopiumstelle in den Jahren 2007–2016
Ausnahmeerlaubnisse zur Verwendung von Medizinalcannabisblüten aus der Apotheke nach § 3 Abs. 2 Betäubungsmittelgesetz erteilt hat"*. Und zwar insbesondere bei
psychischen Problemen und speziell bei der Diagnose ADHS, die einen überdurch-
schnittlichen Anteil bei Informationsangeboten wie dem ACM-Patiententelefon
ausmachten: *„Psychische Erkrankungen hatten bei den Patient_innen mit Ausnah-
meerlaubnis einen Anteil von 23 %. Bei den Kostenübernahmen sank der Anteil auf
5 %."* Die Autoren führen dies u. a. auf die *„fehlende[n] Daten über die Ausstel-
lung von Privatrezepten bzw. Privatpatienten"* zurück; doch könnten diese wegen
der dann fehlenden Kostenübernahme ihren Bedarf *„aus wirtschaftlichen Gründen*

---

[20] Hoch et al. (2019, S. 27).
[21] Akzept/Aidshilfe (2021, S. 145).
[22] Brandt (2018).
[23] Bureg/DIE LINKE (2020, S. 4).
[24] Akzept/Aidshilfe (2020, S. 157–170).
[25] Grotenhermen (2021, S. 155–162).
[26] Akzept/Aidshilfe (2020, S. 159 ff.)

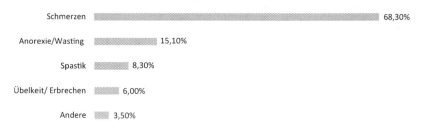

Cannabis-Wirkstoffe kommen vor allem bei Schmerzpatienten zum Einsatz
Diagnose/Symptomatik bei der Verschreibung von Cannabis-Arzeimitteln in Deutschland

Schmerzen — 68,30%

Anorexie/Wasting — 15,10%

Spastik — 8,30%

Übelkeit/ Erbrechen — 6,00%

Andere — 3,50%

Abb. 4.1 Medizinisches Cannabis in Deutschland. (Statista, 2019)

Erkankungen bzw. Symptomatik aller vollständigen Datensätze, Stand 6 März 2020	Fälle (n=8.872)	Prozentualer Anteil
Schmerzen	6374	ca. 72 %
Spastik	940	ca. 11 %
Anorexie / Wasting	590	ca. 7 %
Übelkeit / Erbrechen	341	ca. 4 %
Depression	259	ca. 3 %
Migräne	181	ca. 2 %
ADHS	111	ca. 1 %
Appetimangel /Inappetenz	111	ca. 1 %
Darmkrankheit, entzündlich, nichtinfektiös	113	ca. 1 %
Darmkrank	55	ca. 1 %
Ticstörung inkl. Tourette-Syndrom	79	< 1 %
Epilepsie	97	ca. 1 %
Restless Legs Syndrom	78	< 1 %
Insomnie / Schlafstörung	74	< 1 %

Abb. 4.2 Erkrankung bzw. Symptomatik. (BfArM, 2020)

nur teilweise decken ". Man könne daher davon ausgehen, *„dass deutlich weniger als 10 % der Patient_innen – dies wären 87.000 Personen – die einer solchen Therapie bedürfen, diese auch erhalten ".*

Eine Situation, weshalb Heino Stöver et al. (2021) im Vergleich zu Israel, in dem ca. 1 % der Bevölkerung Cannabispatienten seien, während es in Deutschland nur

0,1 % wären, von einer *„dramatischen Unterversorgung mit Cannabis-basierten Medikamenten"*[27] sprechen.

Probleme

Seit 2017 gilt ein neues Betäubungsmittelrecht, das die Vergabe von Cannabis-Blüten durch Apotheken, wegen der drohenden Drogen-Gefahren, zwar zulässt, jedoch sehr zurückhaltend regelt[28] und das in § 31 des 5. SGB (fünftes Buch Sozialgesetzbuch) in einem neuen Absatz 6 unter gewissen Voraussetzungen auch deren Krankenkassen-Finanzierung vorsieht.[29]

Die Apotheken beziehen dieses Cannabis vom BfArM für 4,30 EU je Gramm,[30] um es gegen Betäubungsmittelrezept als Cannabisblüten für etwa 22,00 € weiter zu verkaufen, während etwa in den Niederlanden *„die gleich verpackten Cannabissorten"* für 6–7,00 EU/Gramm zu erhalten seien.[31] Bei uns gilt dagegen: *„Monatlich liegen die Kosten einer Therapie demnach zwischen 300 und 2.200 €. Eine alternative Opiattherapie wäre dagegen deutlich günstiger."*[32] Doch lehnen die drei großen Krankenkassen ca. 1/3 der bei ihnen seit 2017 eingegangenen ca. 70.00 Anträge ab.[33] Angesichts der erheblichen bürokratischen Schwierigkeiten,[34] dem zögernden Verhalten mancher Ärzte und der hohen Apotheken-Preise sei es kein Wunder, wenn Patienten auch heute noch durch Eigenanbau sich selber versorgen.[35]

Diese Hanf-Naturprodukte konkurrieren mit den von der Pharma-Industrie hergestellten Produkten, wie z. B. Dronabinol (THC-Extrakt), Nabilon, der schon seit 1983 erhältliche synthetische Abkömmling von THC, oder Sativex® (speziell für Multiple Sklerose). Auf einem Konkurrenz-trächtigen Markt, der *„gemessen an Verordnungszahlen* [einen] *Trend nach oben* [zeigt], *von 69.000 Rezepten im 1. Quartal 2020 hin zu 84.000 im 4. Quartal. Dabei gewinnen Cannabis-Blüten über das Jahr zunehmend an Bedeutung."*[36] Ein zukunftsträchtiger Markt, über den das Handelsblatt schon im Jahr der dortigen Legalisierung 2018 schrieb: *„In Kanada*

---

[27] Stöver et al. (2021, S. 5).

[28] Akzept/Aidshilfe (2020, S. 142–147).

[29] SGB V § 31.

[30] BfArM (2021).

[31] Grotenhermen (2020, S. 152).

[32] Wohlers (2019).

[33] Telgheder (2021a).

[34] Grotenhermen (2020).

[35] Akzept/Aidshilfe (2021, S. 148–153).

[36] Johnsen und Maag (2020, S. 4).

boomt der Markt für medizinisches Cannabis", um als weltweiten Bedarf zu pro-
gnostizieren: *"Nach Schätzungen der Marktforschungsfirma Brightfield Group wird
sich der weltweite Markt für medizinisches Cannabis bis 2021 auf 31,4 Mrd. Dollar
vervierfachen."*[37]

4.3   SDG 6 und 14: Grundwasser und Meere

So unterschiedlich die knapper werdenden Süßwasser-Ressourcen im Regen-
Niederschlag und Grundwasser verglichen mit der Menge des Salzwassers der
Ozeane ausfallen, so leiden beide doch unter denselben beiden Zivilisations-
Einflüssen, die auch unsere Gesundheit (SDG 3) bedrohen: Die Nitratbelastung
aus der Luft und aus der Düngung, die über die Flüsse in das Meer gelangen,
sowie die wachsende Plastik-Last, sei dies das allgegenwärtige Mikroplastik oder
die Vermüllung der Ozeane.[38]

Wie der Nitrat-Indikator des Nachhaltigkeitsberichts (Abb. 4.3), bei dem
allerdings nicht die Düngung, sondern nur die Einträge durch atmosphärischen
Stickstoff, berücksichtigt wurde,[39] besonders deutlich aufzeigt, konnte bisher
die Eutrophierung durch Stickstoffeinträge (Nitrate) noch recht mangelhaft abge-
baut werden: *"Circa 25 % der Grundwasserkörper in Deutschland sind aufgrund
von hohen Nitratwerten in einem schlechten chemischen Zustand bezogen auf die
Anforderungen der Wasserrahmenrichtlinie. Alle Übergangs- und Küstengewässer-
körper verfehlen ebenfalls aufgrund von deutlich überhöhten Nährstoffeinträgen
den guten ökologischen Zustand,"*[40] was durch die Graphik zur Belastung durch
die Gesamtstickstoffkonzentration in Nord- und Ostsee (Abb. 4.4)[41] gut belegt
wird.

Phytosanierung
Es ist also nicht nur so, dass unsere Böden immer mehr versauern, die gesteckten
Belastungsgrenzen immer wieder verfehlt werden, vielmehr gelangen diese Pestizide, Nitrate und andere Giftstoffe in unsere Böden und Grundwasser, in die Nahrung
und Futtermittel für Tiere, die wir Menschen wiederum als Erzeugnisse aufnehmen.

---

[37] Handelsblatt (2018); Aposcope (2022); Schwager (2022).
[38] Greenpeace (2020).
[39] DNS Weiterentwicklung (2021, S. 336).
[40] DNS Weiterentwicklung (2021, S. 336–337).
[41] DNS Weiterentwicklung (2021, S. 321).

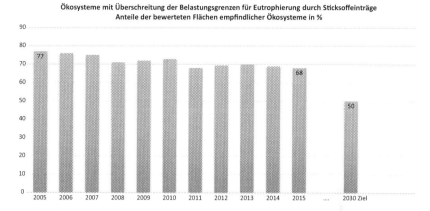

Abb. 4.3 Ökosysteme mit Überschreitung der Belastungsgrenzen. (Umweltbundesamt, 2015)

Ein entscheidender Nachhaltigkeits-Vorteil von Hanf ist nun zunächst der weiter unten angeführte geringere Grundwasserbrauch, etwa im Vergleich mit dem Baumwoll-Anbau. Entscheidend ist jedoch seine doppelte Fähigkeit, dieses Nitrat (NO_2) zu verwerten und zu binden. Einerseits verwertet er sowohl das atmosphärische wie das zu seiner Düngung eingebrachte Nitrat, wie etwa Gülle oder chemische Nitrate, ähnlich wie auch die Maispflanze, direkt zum eigenen Pflanzenaufbau. Doch kann man dieses Nitrat bei den Hanffolge-Produkt auf dem Wege einer ‚Kaskadennutzung' in mehreren Recyclingdurchläufen dauerhafter binden. Und andererseits *„holt* [er] *Nitrat aus tiefen Bodenschichten durch tiefreichendes Feinwurzelwerk* […], *wo es für andere Kulturpflanzen nicht mehr erreichbar ist. Deshalb guter Grundwasserschutz"* meinten die weiter unten zitierten Badener Landwirte unter dem Stichwort *„Bodenverbesserung durch Abbau von Nitrat",*[42] um auf diese Weise auch Nitrat-verseuchte Böden zu reinigen.

In diesem Sinne schwärmen dann etwa auch die renommierten Samenbanken Dinafem[43] und Humboldtseeds[44] davon, mit Hanf auf dem Wege einer solchen Phytosanierung selbst mit Schwermetallen verseuchte Böden zu reinigen. So sei es etwa in Tarent/Italien Bauern gelungen, durch Anbau von Hanf *„einer verheerenden*

---

[42] Pix (2020, S. 11).

[43] Civantos (2017); Dinafem Seeds (2021).

[44] Humboldt Seeds (2017).

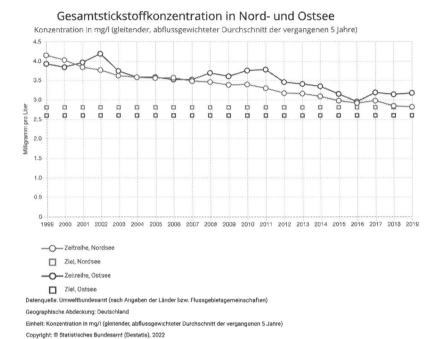

Abb. 4.4 Gesamtstickstoffkonzentration in Nord- und Ostsee. (Umweltbundesamt, 2019)

*Umweltverschmutzung durch ein riesiges Stahlwerk in der Nachbarschaft entgegen-
zuwirken.*"[45] Und, ohne nähere Quellenangaben, so hätten im Falle Tschernobyl
sogar „[d]*ie Labore Phytotech beschlossen, im Jahr 1998 zusammen mit einigen
Landwirten und dem Ukrainischen Institut für den Anbau von Fasern, Industriehanf anzubauen, weil er Strontium und radioaktives Cäsium aus dem Boden zieht,*"
was eher der Werbung für die neue Hanfsorte Chernobyl[46] dienen mag, doch als
Utopie sowohl auf das Fehlen jeglicher einschlägiger Forschung, wie aber auch auf
deren Notwendigkeit verweist.

---

[45] Brosius (2016).
[46] Cannaconnection (2021).

4.4   SDG 11: Nachhaltige Städte und Gemeinden

Die Bundesregierung schreibt zu Beginn ihres vierten Transformationsbereichs (Nachhaltiges Bauen und Verkehrswende): *„Der Bau- und Gebäudebereich ist mit seinen vor- und nachgelagerten Prozessen eng mit den Herausforderungen anderer Transformationsbereiche verbunden. Die Anforderungen an nachhaltiges Bauen umfassen die Energieeffizienz und Klimaneutralität, den Erhalt der Biodiversität, die Ressourcenschonung und Nutzung von nachwachsenden Rohstoffen, die Reduzierung des Flächenverbrauchs, die nachhaltige Beschaffung von Produkten und Dienstleistungen einschließlich der Einhaltung von Menschenrechten in der Lieferkette sowie die Sicherung von Gesundheit und Komfort von Nutzern. "*[47]

Tatsächlich sind die Bereiche Bau und Verkehr, neben der unten besprochenen Landwirtschaft, die größten Umweltsünder, und zwar sowohl als Verbraucher materieller und ökologisch schwindender Ressourcen, wie durch ihre gesundheitlichen Folgeschäden und durch ihren CO_2-lastigen Energieverbrauch.

Hanf könnte hier (SDG 9, 11), auch im Rahmen der von der Bundesregierung angeführten Bundesförderung für Nachhaltigkeit beim Bauen[48] als nachwachsende Alternative eingesetzt werden, etwa als Hanfkalk an Stelle der extrem CO_2 produzierenden Zementherstellung[49] (SDG 13) oder als Dämmungsmaterial, das dauerhaft den Energieverbrauch senken könnte (SDG 7). In beiden Fällen würde der Einsatz von Hanf sowohl das beim Wachsen aufgenommene CO_2 zunächst dauerhaft speichern (SDG 13), um später dann als Basis eines ‚urban mining‘ als Modell einer Kreislaufwirtschaft zu dienen (SDG 12), anstatt als in enormen Mengen anfallender Bauschutt die Umwelt zu belasten. Eine Kreislaufwirtschaft, wie man sie heute schon im Bereich von Papier und Plastik kennt, und die man mithilfe von Hanf auch im Bauwesen erheblich ausbauen könnte.

Infrage stehen hier einerseits der ständig beklagte Wohnungsneubau mit seinem Bedarf an ‚alternativen‘ Baumaterialien, und andererseits die große Masse der existierenden Gebäude mit ihrem Sanierungsbedarf, und zwar vor allem im Bereich der Wärmedämmung.

Neubauten

Hinsichtlich der Neubautätigkeit schätzt das unabhängige *empirica institute* den Bedarf an Neubauwohnungen, ohne Nachholbedarf für 2020/21 auf etwas über

---

[47] DNS Weiterentwicklung (2021, S. 56).

[48] DNS Weiterentwicklung (2021, S. 61); BMI (2021).

[49] Römer (2019).

270.000 Wohnungen mit einer insgesam leicht fallenden Tendenz,[50] während die Bundesregierung jährlich 400.000 Wohnungen vorsieht.[51] Hier kämen die mit Hilfe von Hanf hergestellten Hanfsteine[52] sowie die Hanfkalkwand, auch Hanfbeton genannt, in Betracht, die *„aus Hanfschäben, gemischt mit Kalk als Bindemittel und Wasser, der vorzugsweise bei nicht-tragenden Wänden eingesetzt werden, "*[53] um sie dann künftig ggf. direkt in das z.Z. erprobte Spritz-Druck-Verfahren beim Häuserbau einzusetzen.[54] Vergleicht man damit die herkömmlichen Baumaterialien, dann ergibt sich, dass eine Tonne Stahl 1,46 t CO_2 verursacht, die Tonne Stahlbeton 198kg CO_2 und Zement 587kg CO_2 pro Tonne.[55] Während, ungeachtet der Energiekosten für Transport und Montage, Hanfstein wegen seiner CO_2-Bindung bis zu 90 % CO_2 negativ ist.[56]

Dieser Hanfkalk besitzt, abgesehen von seiner relativ geringen Belastbarkeit, zudem *„eigentlich nur bauphysikalische Vorteile. Sein Wärmeschutz entspricht dem moderner Mauerwerkziegel mit Dämmstofffüllung. Außenwände aus Hanfkalk benötigen daher keine zusätzliche Dämmschicht. Hanfkalk behält seinen guten Dämmwert zudem auch in feuchtem Zustand. Das Kalkbindemittel macht den Werkstoff alkalisch und damit antibakteriell und schimmelresistent. Da die pflanzlichen Bestandteile komplett mit dem mineralischen Bindemittel umhüllt sind, droht auch keine Zerstörung durch Ungeziefer. Zudem ist das Verbundmaterial nicht brennbar. "*[57]

Renovierung

Als Renovierungsbasis rechnet man mit jährlich 1 Million Wohnungen[58] sowie Nicht-Wohngebäuden, für die es allerdings keine statistischen Zahlen gibt, weswegen das Bundesinstitut für Bau-, Stadt- und Raumforschung 2016 ausführt: *„So gehen manche Annahmen von 2,0 Mio. Gebäuden, andere Studien von bis zu 3,3 Mio. bestehenden Nichtwohngebäuden in Deutschland aus. Vor allem die Zahl der Industriegebäude ist sehr unsicher. "*[59]

---

[50] Braun (2020, S. 4).

[51] Bureg (2022a).

[52] Schönthaler (2022).

[53] Grimm (2020).

[54] Römer (2021).

[55] WWF (2019, S. 7).

[56] Schönthaler (2022).

[57] Grimm (2020).

[58] BMWI (2014).

[59] BBSR (2016).

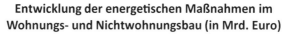

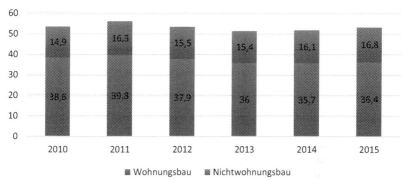

Abb. 4.5 Entwicklung der energetischen Maßnahmen im Wohnungs- und Nichtwohnungs-bau in Mrd. Euro (BBSR, 2016, S. 6) (Eigene Darstellung)

Bisher lag die entsprechende Sanierungstätigkeit bei der Gebäudehülle bei jähr-lich knapp 1 %, ohne dass damit eine Aussage über die Sanierungstiefe getroffen werden kann[60], während das Umweltbundesamt 2019 in seinem Hintergrundbe-richt, ‚Wohnen und Sanieren Empirische Wohngebäudedaten' seit 2002' (ohne nähere Jahresangabe) für Gesamtdeutschland als Sanierungsstand der Wohngebäude ansetzte: Unsaniert: 35,9 %, teilsaniert: 51,4 %, Vollsaniert: 4,3 % und Neubau: 8,4 %,[61] und schon 2014 eine Sanierungsquote von 2 % vorschlug.[62]

Die hier anstehende marktmäßige Größenordnung im Milliardenbereich verdeut-licht das Schaubild (Abb. 4.5) für die Jahre 2010 bis 2015.[63]

Für den Einsatz von Hanf kommen hier zwei Aspekte zum Tragen, einerseits die energetische Sanierung der bestehenden Gebäude durch Dämmung und andererseits die Wiederverwertung des eingesetzten Baumaterials im Sinne des urban mining.

Dämmung
Die Dämmung mit Hanfmaterial kann insbesondere bei Altbau-Sanierungen einge-setzt werden. Die Bundesregierung erklärte hierzu in ihrer Antwort vom 21.12.20

---

[60] BMWI (2014 S. 5).
[61] Umweltbundesamt (2019, S. 76).
[62] Umweltbundesamt (2014, S. 5).
[63] BBSR (2016, S. 6).

auf eine Anfrage der FDP, dass nur 7 % der verwendeten Rohstoffe für die Dämmung aus nachwachsenden Rohstoffen komme. Der Gesamtmarkt entspreche 28,4 Mio. m^3, davon seien lediglich 2,0 Mio. m^3 aus nachwachsenden Rohstoffen und davon 100.000 m^3 Hanfdämmstoffe, also 0,35 % des gesamten Markts, obwohl Dämmplatten aus Hanf nur ein Zehntel der Energie gegenüber der Steinwolle benötigen.[64] Positiv zu erachten wäre, dass momentan bei den Bauherren ein Umdenken stattfände, so würde die Nachfrage nach Naturdämmstoffe einen deutlichen Zuwachs *verspüren mit 3,1 % pro Jahr. Der Bedarf stiege also an.*[65] Doch ist *„auch das Dämmen von Fassaden […] nicht unumstritten, da die Dämmmaterialien schwer zu recyceln sind und auch zu Schimmel führen können, weil die Häuser dann »schwitzen«"*[66], was jedoch gerade für die Hanfplatten nicht zutreffen soll.[67]

Allerdings sind die Preise wegen hoher Nachfrage und geringem Bestand in den letzten Jahren massiv gestiegen. So kostete, abhängig von Art und Dicke, 2016 der Quadratmeter um die 4 bis 30 €,[68] während sie momentan als ‚Luxus Dämmungsmittel' zwischen 34–55 € pro Quadratmeter kosten,[69] weshalb es besonders sinnvoll wäre, diese Alternative in den Schwerpunkt ‚Dämmung' des Förderprogramms ‚Nachwachsende Rohstoffe' einzubeziehen.[70]

Urban mining

Schon heute ist in Deutschland die Baubranche verantwortlich für die Entnahme von 517 Mio. Tonnen mineralischen Rohstoffen und 14 % der gesamten Treibhausemissionen. Der Abfall, der durch die Baubranche entsteht, beträgt 52 % des deutschen Abfallaufkommens;[71] *„die meisten Baumaterialien sind* [jedoch] *kaum wiederverwendbar."*[72] Während mit Hanf angefertigte Baumaterialien nach dem Prinzip ‚Cradle to Cradle' nach dem Abriss mit Kalk und Wasser wieder aufbereitet werden können oder kompostierbar sind.[73] Eine solche ‚Kaskadennutzung'[74] entspräche dem Sinne einer konsequenten Kreislaufwirtschaft, in der dieses Material

---

[64] Klöckner (2018, S. 11).

[65] Bureg/FDP (2020, S. 2).

[66] Götze (2021).

[67] Grimm (2020).

[68] Energie-Experten (2016).

[69] Stiftung Warentest (2021b).

[70] FNR (2022).

[71] DNS Weiterentwicklung (2021, S. 55 ff.)

[72] Götze (2021).

[73] Schönthaler (o. J.)

[74] DNS Weiterentwicklung (2021, S. 286).

wieder als 100 %-recycelter Hanfstein verbaut werden könnte, ohne weitere Abfälle zu produzieren.

4.5   SDG 12: Nachhaltiger Konsum und Produktion

Das weite Feld dieses Ziels 12 wird deutlich, wenn man einerseits die globalisierende Eingangsbemerkung der Bundesrepublik: *„SDG 12 zielt auf die notwendige Veränderung unserer Lebensstile und unserer Wirtschaftsweise. Nachhaltiger Konsum und nachhaltige Produktion verlangen, heute so zu konsumieren und zu produzieren, dass die Befriedigung der berechtigten Bedürfnisse der derzeitigen und der zukünftigen Generationen unter Beachtung der Belastbarkeitsgrenzen der Erde und der universellen Menschenrechte sowie der anderen Nachhaltigkeitsziele nicht gefährdet wird",* auf der anderen Seite mit einem ihrer Indikatoren (Nr. 12.3a) ‚Anteil Papier mit Blauem Engel am Gesamtpapierverbrauch der unmittelbaren Bundesverwaltung' vergleicht.[75]

Aus den kurzen und langen Hanffasern lassen sich, zusammen mit Flachs oder gar Schafwolle,[76] weitere Werkstoff-Alternativen mit nachhaltigen Eigenschaften herstellen. Traditioneller Weise vorzugsweise für die Papierherstellung und im Bereich der Textilien, doch neuerdings auch verstärkt als Plastik-Ersatz und im Kraftfahrzeugbau denn *„Hanffaser*[n] *sind genau so stabil wie Glasfasern, rund ein Drittel leichter, reißfester und können umweltverträglicher entsorgt oder recycelt werden,"*[77] während die Schäben den für das Plastik notwendigen Zellstoff liefern.

Hanfpapier[78]

Das klassische Hanfprodukt war und ist Hanfpapier mit derzeit etwa 70–80 % des Hanffasermarktes, das heute vor allem in die *„Herstellung von Banknoten, Zigarettenpapier und Hygieneprodukten fließt."* Im Vergleich zum Einsatz von Baumholz hält Hanfpapier *„länger und ist reißfester sowie auch im feuchten Zustand weiter verwendbar."* Auch sei der Einsatz von Chemikalien, wegen des sehr geringen Gehaltes von Lignin, geringer als bei der derzeitigen Papierproduktion. Als einjährige Pflanze liefere Hanf auf derselben Fläche 4–5 mal so viel Papier wie Wald und könne auch öfter recycelt werden als Papier aus Holz.

---

[75] DNS Weiterentwicklung (2021, S. 286, 301).

[76] Wieland und Bockisch (2003, S. 2).

[77] Hempopedia (o. J.a).

[78] Hempopedia (o. J.b).

Textilbereich, Kleidung, Cottonisierte Fasern

Seit Jahrtausenden wird Hanf zur Herstellung von Kleidungstücken, Tauen und Segeln benutzt, den man heute in dieser ‚rohen' Form wegen seiner Kompostierbarkeit gut für Geotextilien im Erd- und Wasserbau oder für Hanfnadelfilz-Teppiche etwa im Messebereich einsetzen könnte, stattdessen dominieren die subventionierte Baumwolle der Bauern oder industriell hergestellte Kunstfasern wie Polyester. Doch *„liegt heute eine der interessantesten Produktlinien für den deutschen Hanf* [...] *im Textilbereich."*[79] Und zwar insbesondere für die seit den 20er Jahren des letzten Jahrhunderts bekannten, modifizierten *„cottonisierten Hanffasern": „Hierunter versteht man eine Hanffaser, die mit Hilfe modernster chemisch-physikalischer Verfahren verfeinert wurde und in ihren technischen Eigenschaften der Baumwollfaser so weit gleicht, dass sie ebenso auf den hochproduktiven Baumwollspinnmaschinen verarbeitet werden kann."*[80]

So kann man bei *Hanfare*[81] Damen- und Herrenmode kaufen. Auch H&M setzt in seiner *Conscious Exclusive Collection* u. a. Biohanf ein.[82] Und selbst Modehäuser besinnen sich neuerdings auf Hanf. So hat das *„Modehaus Ralph Lauren von EnviroTextiles hergestellte Hanf-Seiden-Charmeuse intensiv in seinen Kleidungsstücken eingesetzt"* und unter Verwendung verschiedener Hanfmischungen *„aus diesem Textil Abendkleider und sogar eine Militärjacke hergestellt." „Neben Ralph Lauren haben auch Donatella Versace, Behnaz Sarafpour, Donna Karan International, Isabel Toledo und Doo.Ri Stoffe von EnviroTextiles verwendet. Die New York Fashion Week 2008 war ein Meilenstein, bei dem viele dieser Designer ihre neuen Hanfdesigns erstmals präsentierten."*[83]

Wiederum ist auch bei dieser Stoffgruppe der doppelte Nachhaltigkeits-Effekt zu beachten: Zum einen ist der Stoff aus Hanf zunächst als solcher nicht nur widerstandsfähiger, antibakteriell, resistent gegen Mehltau, Schimmel und UV-Strahlen[84], sondern als solcher vollständig recyclebar, womit er weit über den anderen Stoffe zur Herstellung von Kleidungsstücken liegt.

Zum anderen sind der Anbau, die Herstellung und Verarbeitung Ressourcen schonender für die Umwelt, da nicht nur weniger Wasser und Chemikalien verbraucht werden. So benötigt nach dem *Stockholmer Environmental Institute* Baumwolle pro Kilo 7.58 l bis 9.758 L Wasser, während Hanf um 75 % niedriger, nur pro Kilo 2.401

---

[79] Bócsa und Karus (1997, S. 150 ff.)

[80] Nette-group (2015).

[81] Hanfare (o. J.)

[82] Riehl (2019).

[83] Sensi Seeds (2020).

[84] EIHA (2020, S. 26).

bis 3.401 L Wasser verbraucht.[85] Ein Befund, den das Leibniz-Institut für Agrartechnik und Bioökonomie in Potsdam in den Jahren 2017 und 2018 in einem Feldversuch bestätigen konnte: Die „*speziell für Wachstumsbedingungen in Europa gezüchteten Cannabis-Sorten sind für den Anbau auf eher trockenen Standorten geeignet. Laut der Forscher ist die Wasserproduktivität der untersuchten Hanfsorten etwa sechsmal höher als die von Baumwolle. Diese […] muss deshalb auf feuchten Standorten angebaut oder bewässert werden.*"[86]

Plastik

Der auf Erdölbasis beruhende Plastikverbrauch ist heute eines der entscheidenden Umweltprobleme, und zwar nicht nur wegen der damit verbundenen CO_2-Produktion, sondern vor allem auch wegen der damit verbundenen Restmüll-Produktion, die insbesondere die Ozeane belastet.

Ein besonderes Problem stellen dabei die Mikroplastik-Abfälle,[87] die, in ihrer Auswirkung bisher kaum zureichend untersucht, über Feldfrüchte und Fische auch in unsere Nahrung gelangen.

Deshalb sind viele Einwegplastikprodukte seit dem 3. Juli 2021 in der EU verboten. Außerdem gilt seit dem 1. Januar 2021 ein EU-weites Exportverbot für schwer recyclebare Kunststoffabfälle, die vermischt oder verschmutzt sind.[88]

Dementsprechend hat etwa selbst „*eine Gruppe globaler Unternehmen aus der Kunststoff- und Konsumgüter-Wertschöpfungskette, […] eine neue gemeinnützige Organisation gegründet, die Lösungen zur Beseitigung von Plastikabfällen in der Umwelt, insbesondere im Meer, vorantreiben will. Die Alliance to End Plastic Waste (AEPW) besteht derzeit aus fast 30 Mitgliedsunternehmen und hat über eine Milliarde US-Dollar zugesagt, um Lösungen zur Minimierung und Bewältigung von Plastikabfällen zu entwickeln und zu realisieren. Strategischer Partner der Allianz ist der World Business Council for Sustainable Development (WBCSD).*"[89]

Besonders belastend ist der bei der Plastikproduktion anfallende hohe CO_2 Ausstoß, den ein internationales „*Netzwerk von Klimaschutzakteuren* [dort benannt] *festgestellt hat*", „*denn von der Produktion bis zur Entsorgung gelangt klimaschädliches CO_2 in die Atmosphäre. Alleine 2019 entstehen dadurch 850 Mio. Tonnen*

---

[85] Barrett (2020).
[86] Podbregar (2020).
[87] Umweltbundesamt (2015).
[88] Bureg (2021).
[89] AEPW (2019); Gassmann (2020).

Treibhausgas, vergleichbar mit dem Ausstoß von 136 Kohlekraftwerken im gleichen Zeitraum."[90]

Das gut zu recycelnde Naturprodukt Hanf könnte hier besonders sinnvoll eingesetzt werden: Es liefert mit 2 bis 3 t/ha[91] *„wertvolle Zellulose – ein Bestandteil der Zellwände. Nicht nur Papier kann daraus hergestellt werden, auch Kunststoffe: zum Beispiel Cellophan (Zellglas), das Baumwoll-Substitut Viskose und Zelluloid (Zellhorn).*"[92] So entwirft und entwickelt etwa das US-Unternehmen Sana Packaging *„unterschiedliche, nachhaltige und konforme Verpackungslösungen für die Cannabis-Industrie unter Verwendung von 100 % pflanzlichem Hanfkunststoff.*"[93] Doch ergeben sich auch hier noch durch Forschung und Politik zu behebende Probleme. So sind die häufig eingesetzten Biokomposit-Produkte,[94] etwa durch Beschichtung, schlecht zu trennen und nicht mehr kompostierbar: *„Von einer echten Alternative kann man also nicht sprechen, es sei denn, es käme zu einer drastischen Veränderung der Entsorgungsinfrastruktur in Deutschland. Außerdem müsste die Ökobilanz des Bio-Plastiks verbessert werden, da die Herstellung noch mit einem hohen Energieverbrauch zu kämpfen hat.*"[95]

Autoproduktion

Bei Hanfliebhabern verweist man in diesem Zusammenhang gerne auf den *hemp car,* den Henry Ford 1941 vorstellte, dessen Karosserie aus Hanffasern zehnmal stärker als aus Blech gewesen sei, weswegen es *„mit 900 kg etwa 450 kg weniger als ein Auto mit Metallkarosserie"* gewogen habe,[96] und der mit Biokraftstoff aus Hanföl gefahren sei: *„The cars panels were moulded under hydraulic pressure of 1,500-pound psi from a recipe that used 70 percent of cellulose fibres from wheat straw, hemp and sisal plus 30 percent resin binder",*[97] was allerdings im Ergebnis einen Anteil von nur 10 % Hanf bedeute[98]. Neuerdings entwickelte Bruce Dietzen 2017 nach diesem Vorbild ein eigenes CO_2 negatives Sport-Fahrzeug namens RENEW: *„to build a car body that's made up by 100 pounds of cannabis, all covered in an*

---

[90] Greenpeace (2019).
[91] Bòcsa und Karus (1997, S. 32).
[92] Welt der Wunder (2021).
[93] Greenvision (2019).
[94] Omar et al. (2012).
[95] Welt der Wunder (2021).
[96] Plumb (1941).
[97] Dutta (2018).
[98] PottsAntiques (2010).

extremely hard resin".[99] *"The Renew is a true sports car that can be configured to 80 horsepower or a 525 horsepower dragster with a Flyin' Miata drivetrain. Weighing just 2500 lbs, the turbo package gives a weight-to-horsepower ratio comparable to a Porsche 911 Cabriole schwärmt Ganjapreneur"*.[100] Doch hat auch Porsche in seinem neuen 718 Cayman GT4 Clubsport für Autotüren und Heckflügel *"an organic fibre mix* [verwendet], *which are sourced primarily from agricultural by-products such as flax or hemp fibres and feature similar properties to carbon fibre in terms of weight and stiffness."*[101]

Schon heute verkauft *"Faurecia, eines der führenden Technologieunternehmen in der Automobilbranche,"* in den USA NAFILean™ (Natural Fibres for Lean Injected Design) für *"strukturelle Kraftfahrzeugteile wie Armaturenbretter, Türverkleidungen und Mittelkonsolen, die anschließend mit Leder- oder Stoffpolsterungen überzogen werden. Das Spritgussmaterial auf Naturfaserbasis kombiniert natürliche Hanffasern mit Polypropylenharz und ermöglicht die Herstellung komplexer Formen und Strukturen bei gleichzeitiger Gewichtsreduzierung."*[102] Autoteile, die etwa von PSA (Peugeot Citroën DS Opel), FCA (Fiat Chrysler), JLR (Jaguar Land Rover) und in der ‚Megane' von RSA (Renault Group, including Nissan and Mitsubishi) eingebaut werden.[103] Und *Hempopedia* berichtet, dass BMW, Ford und Daimler ebenfalls solche Faserverbundstoffe inclusive Hanf für Tür- und Kofferraumauskleidungen, Armaturenbretter und Armstützen einbauen: *"Eine Statistik zeigt, dass Naturfasern (Flachs, Sisal, Jute und auch Hanf) immer mehr in der Automobilbranche verwendet werden. Derzeit werden ca. 19.000 t pro Jahr in der deutschen Automobilproduktion eingesetzt, 1999 wurden nur ca. 9 t eingesetzt."*[104]

Neben den so typischen positiven Hanf-Eigenschaften: recyclebarer Naturstoffe, geringer Wasser- und Pestizid-Verbrauch könnte Hanf speziell im Karosseriebau *"eine hohe passive Sicherheit* [bieten], *da die Teile stumpf abbrechen und keine scharfen Kanten bilden":*[105] *"Die stabilen Bauteile wirken besonders schalldämmend und überzeugen in puncto Crasheigenschaften."*[106] Wichtiger noch wäre eine erhebliche Verminderung des Gewichts im Straßenverkehr wegen deren leichterem

---

[99] Jacobs (2017).
[100] Abbott (2020).
[101] Porsche (2019).
[102] Faurecia (2018).
[103] Demortain (2018).
[104] Hempopedia (o. J.a).
[105] Frahm (2013).
[106] Klöckner (2018, S. 13).

Gewicht, könnte dies insbesondere bei der Batterie-lastigen E-Mobilität[107] die Relation Entfernung/Energieverbrauch – weniger Gewicht, daher höhere Reichweite bzw. weniger Energieverbrauch – erheblich zu ihren Gunsten verschieben (SDG 13). Weshalb man gerade hier zu seiner weiteren Entwicklung, etwa im Rahmen der ‚Leichtbauinitiative' der Bundesregierung[108] entsprechende Forschungsgelder einsetzen sollte (SDG 8, 12). So schreibt *faurecia* am 3.14 2018: „*[T]he first commercial success was achieved in 2013 in door panels for the Peugeot 308. The 1.2 kg of the material delivered a 25 % weight reduction and a 25 % environmental impact reduction"* und errechnet *in einer interessanten Kalkulation „[A] reduction of 40,000 tons of CO_2 emissions and the ability to drive an additional 325 million kilometers with the same quantity of fuel."*[109]

Es sind diese ‚kleinen' Differenzen, die sich, prinzipiell und künftig, angesichts des PKW-Bestandes in Deutschland von am 1. Januar des Jahres 2021 rund 48,25 Mio. und weltweit von 1.197,71 Mio. (2020)[110] zu ganz erheblichen CO_2-Einsparungen aufsummieren würden, wenn man die auch dort bisher zu Gunsten anderer Faserpflanzen, wie z. B. die von Mercedes bevorzugten Abaca- Bananen-Fasern aus den Philippinen[111] so vernachlässigte Hanffaser verstärkt im Autobau einsetzen würde.

4.6   SDG 13: Maßnahmen zum Klimaschutz

Die Produktion von CO_2 gilt als Hauptursache der sich verschärfenden Klimakrise, seine Reduktion ist ein Hauptanliegen des Klimaschutzgesetzes vom 31. August 2021, nach dem bis 2030 die Emissionen um 65 % gegenüber 1990 sinken und bis 2045 Klimaneutralität erreicht werden soll.[112] Dabei sollen „*die jährlichen Emissionen in der Landwirtschaft bis 2030 gegenüber 2014 um 14 Mio. Tonnen CO_2-Äquivalente* [reduziert werden]." Wofür zwar der „*Ausbau der Ökolandbaus"*, „*Humuserhalt und -aufbau im Ackerland"* „*Moorbodenschutz"* und „*Erhalt und nachhaltige Bewirtschaftung der Wälder und Holzverwendung"*, nicht jedoch das Cannabis aufgeführt werden.[113] Cannabis/Hanf könnte hierfür

---

[107] Bureg (2020).

[108] BMWI (2021).

[109] Demortain (2018).

[110] Statista (2021); Umweltbundesamt (2020).

[111] Knauer (2005).

[112] Klimaschutzgesetz (2021).

[113] BMEL (2020).

jedoch, weltweit, in dreifacher Weise einen Beitrag leisten: Direkt als Pflanze in Analogie zum Aufruf, Bäume als CO_2-Speicher zu pflanzen; indirekt im Vergleich zu seinen möglichen Alternativen, und mittelbar durch eine Reduktion der Transportkosten.

Wissensstand: Regierung; Forschung
Die Bundesregierung meinte am 4.7.2019 in ihrer oben mehrfach angeführten Antwort auf die Anfrage der Linken im Punkt 13: *„Wie bewertet die Bundesregierung den Beitrag des Hanfanbaus in der Landwirtschaft zum Klimaschutz, und welche Schlussfolgerungen zieht sie daraus, im Speziellen mit Blick auf […] die CO_2-Bindung“:* *„Es liegen bisher keine Messungen zu Treibhausgasbilanzen von Nutzhanf vor. Aufgrund des geringeren Stickstoffbedarfs und der geringeren Aufwendungen für die Kulturpflege ist zu erwarten, dass die Treibhausgasemissionen pro Hektar geringer sind als bei anderen Nutzpflanzen (z. B. Weizen, Raps, Mais). Es ist außerdem davon auszugehen, dass die Bindung von Kohlenstoff in den Böden maßgeblich durch die Nutzungsart des Hanfes beeinflusst wird. […] Generell weist Nutzhanf eine intensive und tief reichende Durchwurzelung auf. Dies kann die Bindung von Kohlenstoff in der organischen Bodensubstanz fördern“.*[114]

In diesem Sinne behauptet die European Industrial Hemp Association (EIHA) in ihrem Hemp-Manifest 2020[115]: *„Ein Hektar Hanf kann bis zu 13,4 t CO_2 aufnehmen und ist damit so effizient wie ein Hektar Regenwald.“* Während James Vosper in ‚The Role of Industrial Hemp in Carbon Farming‘ sogar ausrechnet, dass *„One hectare of industrial hemp can absorb 22 tonnes of CO_2 per hectare.“*[116] Man kann dies mit dem Ergebnis des Wiener Universitätsgutachtens von Andreas Richter et al. (2011) zur Berechnung der Einsparung an CO_2 durch einen als Ersatz anrechenbaren neu angepflanzten Regenwald vergleichen, in dem sie eine *„durchschnittliche jährliche Kohlenstoff-Bindung über 60 Jahre [von] ~ 10 t CO_2 pro Hektar […] und Jahr in diesem Wiederbewaldungsprojekt“*[117] berechnen. So komplex diese Berechnungen auch sind, kommen hier doch nicht nur Boden, Sorten und Düngung ins Spiel, sondern ebenso die pro Hektar gewonnene Hanfmasse, die Berechnung der Bewurzelung, der Humusbildung usw., so dürfte im Endergebnis der auch von der Bundesregierung angegebene Befund einer deutlichen CO_2 Verbesserung richtig sein.

---

[114] Bureg/DIE LINKE (2019, S. 10).
[115] EIHA (2020, S. 2).
[116] Vosper (2020).
[117] Universität Wien (2011).

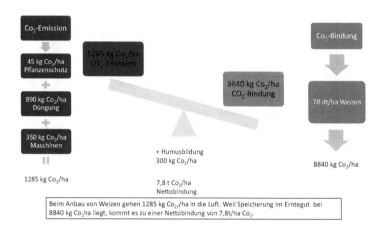

Abb. 4.6 CO_2-Bilanz am Beispiel des Weizenanbaus. (In Anlehnung an Schönberger und Pfeffer 2020 S. 65)

Dies zeigt sich auch im ebenso komplexen Vergleich verschiedener Acker-gutpflanzen – ohne Hanf – von Prof. Dr. Schönberger und Pfeffer (2020): ,Landwirtschaft: CO_2-Sünder oder Retter?',[118] den ich hier zugleich auch als Bei-spiel für eine mögliche Hanf-Berechnung an Hand der Graphik (Abb. 4.6) der CO_2 Bindung im Weizenanbau demonstrieren kann. Hier ergab sich letztendlich nur eine 7,8 t/ha Nettobindung, und zwar, unter zusätzlicher Berechnung des CO_2 Aufwan-des für Pflanzenschutz, Düngung und Maschineneinsatz, der, in verminderter Form natürlich auch für einen solchen ,Hanf-Vergleich' einzubeziehen wäre.

Die hier noch notwendigen, bisher kaum realisierten Forschungsaufgaben kann, beispielhaft, etwa das bayerische Forschungsprojekt von Veronika Schöberl et al. (2019): ,Hanf zur stofflichen Nutzung: Stand und Entwicklungen' belegen, die in einem komplex angelegten Feldprojekt herausfanden, dass je nach Sorte und Höhe der Nitrat-Düngung ein Dual-Ertrag (Samen + Faser) von 8 bis 11 t/ha erreicht werden kann.[119]

Primärer CO_2 Nettogewinn

Der angesichts der Klimakrise wohl wichtigste Nachhaltigkeitsbeitrag von Hanf ist seine primäre ,positive CO_2-Bilanz, durch die er, vergleichbar der Aufforstung,

---

[118] Schönberger und Pfeffer (2020).
[119] Schöberl et al. (2019, S. 14).

sowohl für den Pflanzenaufbau CO_2 aus der Luft aufnimmt und ggf. durch ‚Kaskadennutzung' dauerhaft speichert, wie auch durch Humusbildung CO_2 im Boden verankert. Diese pflanzliche CO_2-Entnahme (Carbon Dioxode Removal – CDR) ist als vom Weltklimarat (IPPC) empfohlene biologische Speicherung (BECCS) bisher effektiver als der *„energetisch sehr aufwendig*[e] *und technisch noch nicht in großem Maße verfügbar*[e]*" „Direktentzug von* CO_2 *aus der Atmosphäre mit anschließender Speicherung (DACCS = Direct Air Capture and CCS)."*[120]

Sekundärer CO_2 Gewinn
Dieser direkte bzw. primäre CO_2 Nettogewinn der Pflanze wird sekundär im Zuge ihrer bisher beschriebenen Verwertung wesentlich, wenn auch in einer heute noch weithin fehlenden exakten Berechnung, erhöht. Und zwar, wie in den zuvor genannten Abschnitten ausgeführt, zunächst durch seine relativ dauerhafte Bindung im Bauwesen, etwa als Hanfstein und Hanfkalk bzw. als recyclebares Dämm-Material, das sowohl energetisch aufwendige Alternativen ersetzt, wie die CO_2 trächtige Wärmeregulierung einspart, aber auch als Nahrungsmittel oder im Pferdestreu, der danach zudem die Humusbildung fördert.[121] Auch ihr Einsatz im Autobau könnte bei verringertem Gewicht nicht nur die erwünschten höheren Reichweiten bei E-Fahrzeugen ermöglichen sondern damit auch die CO_2 Sünden des Kraftstoffverbrauchs insgesamt erheblich senken. Bei der Verarbeitung von Textilien, etwa im Vergleich zum Produktionsaufwand bei Baum- und Schafwolle, und insbesondere als Alternative zur Plastikerzeugung könnte man Tonnen an CO_2 einsparen, und zwar ganz unabhängig von ihren sonstigen ökologischen Vorzügen, vom Ressourcen-Verbrauch bis hin zur Meeres-Vermüllung.

Tertiärer CO_2 Gewinn im Transportwesen
Vor allem jedoch, und zumeist unbeachtet, unterstützen die im Transportwesen möglichen Einsparungen das Ziel der CO_2 Reduzierung. Und zwar wiederum in doppelter Form. Auf der einen Seite dürfte eine genügend geförderte einheimische Cannabis-Produktion die heute anfallenden erheblichen Kosten des Imports senken, der heute noch die einheimische Produktion, wegen deren überhöhten Kosten mangels Masse, wesentlich übersteigt. Und zum anderen würde eine solche, kleinräumige, bäuerliche Wirtschaft, analog zur unten erwähnten Situation in Österreich,[122] anstelle der gegenwärtigen, großindustriell bedingten LKW-Schlangen sich auch verkehrstechnisch CO_2 reduzierend auswirken.

---

[120] DNS Weiterentwicklung (2021, S. 305).
[121] Bòcsa und Karus (1997, S. 157).
[122] WVCA (o. J.)

Auch beim ‚medizinischen Hanf'

Diese verschiedenen primär bis tertiär möglichen CO_2 Reduzierungen gelten im Übrigen prinzipiell in gleicher Weise sowohl für den Nutzhanf, wie für den medizinischen Hanf, und zwar primär im Anbau, und sekundär sowohl im Vergleich zur chemisch-industriellen Pharmaproduktion, wie auch auf der Transportebene. Zumal medizinisches Cannabis heute noch zu weiten Anteilen importiert wird, und bürokratisch aufwendig durch die Cannabisagentur und die Firma Cansativa abgewickelt werden muss. Ein Start-up. das für alle Apotheken in Deutschland die Beschaffung, Belieferung, Lagerung und Transport von Medizinischen Cannabis regelt, für das jedoch bisher nur zwei Standorte in Deutschland zertifiziert wurden.[123] Zumal dieser Transport einen erheblichen energetischen Aufwand verlangt, wie 2019 das Beispiel des Transports von medizinischem Cannabis im Wert von 5 Mio. Euro aus dem Medizinischen Anbaulabor in Portugal[124] durch die Firma Tilray zeigte:[125] da es nur zwischen 15 und 25 Grad transportiert werden darf, benötigt man dafür extra klimatisierte Kabinen.[126]

4.7   SDG 15: Leben an Land

Will man der kausal-logischen Entwicklungsspur der Hanf-Wirkung folgen, empfiehlt es sich vor allem auf die Landwirtschaft zu schauen, die ja insbesondere durch den Ausbau von Nutzhanf dessen Nachhaltigkeits-Profit in Gang setzt.

Die Bundesregierung betont zu diesem Ziel 15: *„Intakte Ökosysteme sind unverzichtbare Grundlage für die menschliche Existenz und eine nachhaltige Entwicklung. Sie sind Grundlage für die Sicherung einer vielfältigen Ernährung, sorgen für saubere Luft sowie saubere Trinkwasserressourcen und liefern wichtige Rohstoffe",* um dieses Ziel 15 *„als Querschnittsthema* [mit] *vielen weiteren SDGs* [zu verbinden]*: SDG 2 (Ernährungssicherung), SDG 6 (Wasser), SDG 11 (nachhaltige Stadtentwicklung), SDG 12 (nachhaltige Konsum- und Produktionsmuster), SDG 13 (Bekämpfung des Klimawandels) und SDG 14 (Meere)",*[127] während die

---

[123] Endris (2020).

[124] Winkler (2019).

[125] Tilray (o. J.)

[126] Winkler (2019).

[127] DNS Weiterentwicklung (2021, S. 326).

FAO (Food and Agriculture Organization der UN)[128] von ‚Nachhaltigen Lebens-
grundlagen und Ernährungssystemen' spricht, um die Komplexität dieses Ziels
zu erfassen.

Voraussetzungen: Anbau von Nutzhanf
In Deutschland wurden, geschätzt, im Jahr 2020 16,6 Mio. Hektar (ha) landwirtschaftlich genutzt, darunter für nachwachsende Rohstoffe (NawaRo), also für
„Energie- und Industriepflanzen", 2,6 Mio. ha, das sind 15,7 % dieser Fläche.
Darin sind enthalten 4.650 ha für Faserpflanzen, *„im wesentlichen Hanf,"*[129] das
wären 0,18 % dieser NawaRo, und nur etwa 0,03 % der landwirtschaftlich genutz-
ten Fläche, während für Mais etwa 6 % dieser Fläche verbraucht wurde. Nach
Auskunft der Bundesregierung vom 21.12.20 wird Nutzhanf seit 1996 in Deutschland wieder angebaut, und zwar im Jahr 2020 mit insgesamt 5362 ha. Vorreiter
seien Niedersachsen auf 1,105,0 ha mit rund 21 % des deutschen Anbaus, dicht
gefolgt von Mecklenburg-Vorpommern mit 16 % bis hin zu einem der Schlusslichter,
Sachsen-Anhalt, mit nur 4,2 %.[130]
    Der Anbau von Nutzhanf ist in Deutschland bisher jedoch regelrecht von Regeln
und bürokratischen Regelungen umstellt, wofür das Merkblatt des Bundesanstalt für
Landwirtschaft und Ernährung vom Januar 2021einen erschreckenden Überblick
bietet.[131] Diese reichen von den EU-Vorschriften über das BtMG, dass in Anlage
1 zu § 1 Abs. 1 sowohl die meisten von der EU zugelassenen Sorten benennt und
dies nur ‚altersgesicherten Landwirten (ALG) erlaubt, im BtMG § 19 Abs. 3 zur
Überwachung die Bundesanstalt für Landwirtschaft und Ernährung einsetzt und in
§ 24a BtMG die Anzeigepflichten regelt, bis hin zum Merkblatt ‚Kulturanleitung'
(2017) des Kompetenzzentrums Ökolandbau Niedersachsen GmbH.[132]

Probleme der Landwirtschaft
Als Probleme der Landwirtschaft, die man mit dem Anbau von Hanf zwar nicht
lösen, aber doch mindern könnte, gelten, neben einem nur unzureichenden Ausbau
einer ökologischen Landwirtschaft (Abb. 4.7):[133] Trockenheit als Folge des Klimawandels,[134] die ungleiche, auf Hektar bezogene Verteilung der Subventionen,

---

[128] FAO (2020).
[129] BMEL (2021).
[130] Bureg/FDP (2020, S. 1–2).
[131] BLE (2022); BLE Nutzhanf (o. J.).
[132] Rolfsmeyer (2017).
[133] DNS Weiterentwicklung (2021, S. 145).
[134] Kuebler (2020).

durch welche Großbetriebe mit ihren Monokulturen[135] begünstigt, kleinbäuerliche Betriebe benachteiligt werden,[136] der dadurch mitbedingte Biodiversitätsverlust an Pflanzen- und Insekten-Arten[137] und vor allem die dabei mit ursächliche, übermäßige Anwendung von Insektiziden, Pestiziden und Dünger (PSM), den sogar der Europäische Gerichtshof (EuGH) in seinem Urteil vom 21.6. 2018 gerügt hatte.[138]

Hanf Ökonomie
Der Anbau von Hanf könnte beim Abbau dieser Probleme einen zunächst noch vor allem symbolischen, doch erheblich ausbaubaren Akzent setzen. Klimatisch käme hierfür vor allem der erwähnte verringerte CO_2-Verbrauch zum Tragen. Ökonomisch gesehen, würde ein Hanfanbau bei zureichender Subventionierung zunächst vor allem kleinbäuerlichen Betrieben helfen, die heute jedoch weder durch das EU-Programm noch auf Landesebene zureichend unterstützt werden. So beklagten etwa badische Landwirte im Papier ,*Nutzhanf im Zeichen der Klimakrise, der nachhaltigen Landwirtschaft, der Rohstoffwende*' (Januar 2020), auf das ich mich auch im Folgenden beziehe, dass Leguminosen 700,00 € pro ha Gelder erhielten[139], während sie selber leer ausgingen: „*Bei einer Förderung von 700,- €/ha […] würde dieses den Preis auf ca. 0,50 €/kg senken und wir hätten z. B. die Möglichkeit lokales Hanfsamenöl für ca. 2,- €/Ltr. zu produzieren.*"[140] Auch die Bundesregierung erwägt in ihrer Antwort auf die erwähnte Anfrage der Linken (4.7.2019): „*Insgesamt ergeben sich unter den getroffenen Annahmen für den Hanfanbau DAKfL* [Direkt- und arbeitserledigungskostenfreie Leistung] *von 100 bis 250 Euro/ha, die deutlich unterhalb des Weizenanbaus (340 Euro/ha) liegen. Aus den Ergebnissen lässt sich schlussfolgern, dass der Hanfanbau derzeit eine Nischenkultur ist, die wirtschaftlich vor allem für den ökologischen Landbau attraktiv ist. Aufgrund des geringen Marktvolumens werden etwaige Förderprogramme nicht für sinnvoll gehalten* [!]. *In einem solchen Szenario könnte es infolge einer durch Stützung induzierten schnellen Angebotsausweitung zu erheblichen Preisrückgängen in den derzeitigen Hochpreissegmenten Hanfsamen und CBD kommen.*"[141]
Diesen bäuerlichen Wirtschaftsfaktor möchte z. B. der 2018 gegründete ,Wirtschaftsverband Cannabis Austria' (WCA) fördern, der auf seiner Website darauf

---

[135] Rösemeier-Buhmann (2021).

[136] Proplanta (2021).

[137] Böhning-Gaese (2021); Walch-Nasseri (2022).

[138] Umweltbundesamt (2018).

[139] Pix (2020, S. 6).

[140] MRL Baden-Württemberg (2020).

[141] Bureg/DIE LINKE (2019, S. 9).

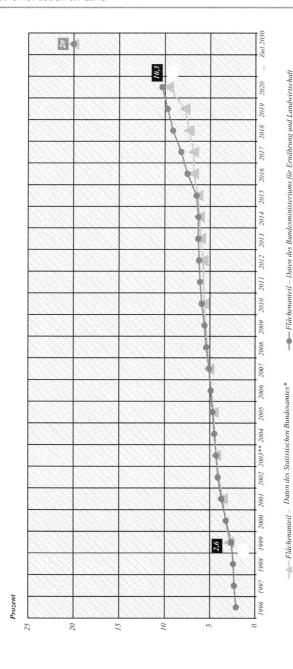

Abb. 4.7 Landwirtschaftliche Flächen unter ökologischer Bewirtschaftung. (Statistisches Bundesamt)

hinweisen kann, dass in Österreich bereits 300 registrierte Unternehmen mit „*1.500 qualifizierte*[n] *und gut bezahlte*[n] *Arbeitsplätze*[n] *in einer zukunftsrelevanten Branche* [...] *einen Jahresumsatz von ca. 250 Mio. Euro*"[142] erwirtschaften konnten.

Hanf Ökologie

Die zuvor genannten Landwirte, die in Gottenheim bei Freiburg im Wasserschutzgebiet Grünbachgruppe,[143] dem ersten deutschen Hanfanbaugebiet jüngerer Zeit, seit 25 Jahren (seit 1996) Hanfanbau betrieben, betonen aus ihrer Erfahrung heraus zunächst die ansonsten ja wenig bekannten landwirtschaftlichen Vorteile. Neben dem geringen Pestizideinsatz gibt es keine ökonomische Notwendigkeit für den Einsatz von chemischem Düngemittel und neben dem Verzicht auf Herbizide, wegen seiner ‚effektiven Beikrautunterdrückung', und weil Hanf „*sehr empfindlich auf die meisten Herbizide reagiert*" betonen diese Bauern das „*geringere Austrocknen der Böden, dadurch weniger Bewässerung nötig*"; ein Vorteil, der im Vergleich mit dem Anbau von Baumwolle besonders deutlich werde.

Der Anbau von Hanf diene auch dem – heute so aktuellen – Erosionsschutz, der ein „*Ausschwemmen bei Starkregen*" verhindert. Die Landwirte betonen besonders dessen „*hohen Vorfruchtwert, da er durch sein tiefgreifendes Wurzelwerk den Boden auch in tiefen Schichten aufschließt und durchlüftet*", sodass man bei Integration „*von ca. 25 % Hanf in die Fruchtfolgen*" etwa bei „*Getreide nach Hanf* [...] *10–15 % mehr Ertrag*" erhalten könne, zumal er als Vor- und Zwischenfrucht erst im April ausgesät werde.[144] Weswegen ein Praxisversuch der Bergischen Universität Wuppertal belegen konnte, dass auch der Winterhanf „*im direkten Vergleich mit Sommerhanf*" einen „*zusätzlichen Ertrag* [erbringt, ohne] *mit anderen Hauptfrüchten* [zu konkurrieren]"[145].

Ökologisch fördert Hanf die Biodiversität. So verweist die Bundesregierung in ihrer oben genannten Antwort: „*Hanf ist eine alte Kulturpflanze in Europa. Sein Einsatz in Fruchtfolgen bereichert die genetische Vielfalt im Anbausystem. Nach einem von Montford und Small aufgestellten groben Bewertungssystem der „Biodiversitätsfreundlichkeit" von weltweit angebauten Hauptkulturen, basierend auf 25 Parametern zur Einschätzung der Umweltwirkung der Kulturpflanzen, erreichen in einem Vergleich von 23 Kulturpflanzen Ölhanf Platz 3 und Faserhanf Platz*

---

[142] WVCA (o. J.).
[143] Pix (2020).
[144] Bòcsa und Karus (1997, S. 131 ff.)
[145] FNR (o. J.); Rinklebe (2019).

5.“[146] Insbesondere begünstige Hanf, so fährt der oben genannte Bericht der Land-wirte fort: *„eine große Insektenvielfalt und dient damit auch der Vogelwelt"* zumal *„der Hanfbestand relativ spät abgeerntet wird"* biete er auch *„einen optimalen Rückzugsraum für Wildtiere und Insekten."* Dies gilt wegen der besonders hohen Pollen-Produktion der Hanfpflanze[147] auch für die gefährdeten Bienen, wie ein For-schungsprojekt der Cornell Universität, New York, aufzeigen konnte: *„Because of its temporally unique flowering phenology, hemp has the potential to provide a cri-tical nutritional resource to a diverse community of bees during a period of floral scarcity and thereby may help to sustain agroecosystem-wide pollination services for other crops in the landscape."*[148]

Folgen für die Nachhaltigkeit

Im Rahmen des SDG 15 bietet also der Anbau von Hanf vier Nachhaltigkeits-Ansätze: Zunächst, wie oben unter SDG 2 (Nahrung) angesprochen, als gesundes Nahrungsmittel für Mensch und Tier. Sodann, wie unter SDG 6 und 14 ausge-führt, verringert ein solcher Anbau die Nitrat-Belastung der Böden und damit des Grundwassers (SDG 6) und so einmal mehr unsere Gesundheit (SDG 3).

Sodann könnte der Hanfanbau durch sein Zellstoff-Angebot, national wie international, den Raubbau im und vom Wald vermindern.

Ein dritter wesentlicher Nachhaltigkeitsvorteil ergibt sich, vor allem im Vergleich zu anderen Feldfrüchten, aus seiner ökologischen Bilanz, zu der die erwähnte FAO auf der Basis einer Metaanalyse und zweier Feldstudien, die allerdings nicht Canna-bis betrafen, ausführt, dass eine *„robuste wissenschaftliche Evidenz für die Stärkung der Resilienz durch Agrarökologie"* spräche, und zwar *„speziell durch die Stärkung von ökologischen Prinzipien, insbesondere der Biodiversität, der Vielfalt generell und von gesunden Böden".*[149] Weshalb die Bundesregierung in ihrer *„Zukunftss-trategie Ökolandbau [...] sich zum Ziel gesetzt [hat], den Anteil der Flächen unter ökologischer Bewirtschaftung bis zum Jahr 2030 auf 20 % zu erhöhen."*[150] Was dann auch der 1992 in Rio de Janeiro abgeschlossenen UN-Biodiversitätskonvention entspräche, die bis Februar 2021 von 196 Vertragsparteien unterzeichnet wurde.[151]

---

[146] Bureg/DIE LINKE (2019, S. 9).

[147] Bòcsa und Karus (1997, S. 37).

[148] Flicker et al. (2020); Orlowicz (2020).

[149] FAO (2020).

[150] DNS Weiterentwicklung (2021, S. 65).

[151] BFN (o. J.)

Dies betrifft zunächst die Bodenverbesserung durch eine erweiterte Fruchtfolge, die geringen Dünger- und Pestizid-Gaben sowie die Chance einer Nitrat-
Verbesserung, die sich ihrerseits vor allem im Grundwasser wie für die Meere
auswirken kann (SDG 6, 14, 15). Nicht zuletzt fördert der Hanfanbau im Bereich
der Biodiversität auch den Bienen- und sonstigen Insektenschutz, zu deren
Schutz das Bundeskabinett im September 2019 das ‚Aktionsprogramm Insektenschutz'[152] beschlossen hat, und für den jüngst im 8. September 2021 die
‚Pflanzenschutz-Anwendungsverordnung' in Kraft getreten ist,[153] die nicht nur
Glyphosat einschränkt bzw. verbietet, sondern zusätzlich bestimmte Schutzgebiete
vorsieht.

Schließlich könnte man, ökonomisch gesehen, durch eine Förderung des Hanfanbaus die klein- und normalbäuerliche Landwirtschaft fördern, und zwar u. a.
deswegen, weil „*die hohen Transportkosten für das Hanfstroh* […] *in der ersten Verarbeitungsstufe eine regionale Verarbeitung* [erzwingen]",[154] wie dies
etwa die Beispiele aus Freiburg und Österreich zeigen:[155] Weshalb der Deutsche
Nachhaltigkeitsbericht zu Recht ausführt: „*Aufgrund seiner Prinzipien (z. B. Kreislaufwirtschaft, flächengebundene und besonders tier-gerechte Haltung) eröffnet
die Umstellung auf ökologischen Landbau insbesondere kleineren und mittel-
großen Familienbetrieben eine Entwicklungsperspektive für die Zukunft.*" So könnte
man durch den Hanfanbau die Produktivität und das direkte Einkommen aus
landwirtschaftlicher Arbeit erhöhen, etwa durch den Wegfall von kostspieligen
Zusatzstoffen, durch eine verbesserte Fruchtfolge und Anbau von Winterhanf,
wie durch die Abnahme aus dem Bau- und Nahrungs-Sektor. Man könnte im
Rahmen des Förderprogramms "*Verbesserung der Agrarstruktur und des Küstenschutzes*"(GAK), das „*wichtigste nationale Förderinstrument zur Unterstützung der
Land- und Forstwirtschaft, Entwicklung ländlicher Räume* […]",die ländliche Wirtschaft fördern und dadurch auch die deutliche Ungleichheit zwischen Land und Stadt
vermindern (SDG 10).[156] Dies gälte umso mehr, wenn sich dadurch neue Industrien
im ländlichen Gebieten bildeten, und die heute notwendigen langen Transportwege,
national wie im Import, reduziert würden (SDG 8, 9, 11,15).

Insgesamt Vorteile, weswegen wohl auch der neue Minister für Landwirtschaft,
Cem Özdemir, gleich zu Beginn seiner Arbeit ‚einen großflächigen Hanfanbau in
Deutschland angekündigt hat, um den „*Irrsinn des Cannabisverbots*" endlich zu

---

[152] Bureg (2019).
[153] BMUV(2019); Bureg (2022).
[154] Bòcsa und Karus (1997, S. 149).
[155] Pix, (2020); WVCA (o. J.)
[156] DNS Weiterentwicklung (2021, S. 147, 255); BMEL (2022a).

beendigen: „*Viele Bäuerinnen und Bauern stehen in den Startlöchern, um Hanf anzubauen.*"[157]

4.8 SDG 16: Frieden, Gerechtigkeit und starke Institutionen

So sehr das Ziel 16 ebenso wie das Ziel 17 (Partnerschaften zur Erreichung der Ziele) die internationale Ebene im Auge haben, die bisher im Cannabis-Bereich unter der Drogen-Kriminalisierungs-Perspektive durch die drei internationalen Drogen-Konventionen von 1961, 1971 und 1988 geregelt wurde,[158] so demonstriert die Bundesregierung dann doch mit ihrem Indikator Nr. 16.1, dass die sinkende Zahl von Straftaten pro 100.000 der Bevölkerung das Sicherheitsgefühl der deutschen Bevölkerung wachsen lasse: „*Ein sicheres Umfeld, in dem die Bürgerinnen und Bürger ohne Angst vor Willkür und Kriminalität leben können, ist eine wesentliche Voraussetzung für eine nachhaltige Entwicklung. Deshalb soll die Anzahl der erfassten Straftaten je 100.000 Einwohner bis zum Jahr 2030 auf unter 6.500 sinken.*"[159] Im Bereich der Cannabis-Konsum-Delikte wurden jedoch 2019 mit „*225.120 Fälle – drei Prozent mehr als im Vorjahr* [polizeilich verfolgt],"[160] während 2020 insgesamt 40.331 Personen, ganz überwiegend Cannabis-Konsumenten, wegen des ‚unerlaubten Besitzes von Betäubungsmitteln' (BtMG § 29 Abs. 1, Satz 1 Nr. 3) zu einer Strafe verurteilt wurden.[161]

Eine Legalisierung dieses Cannabis-Konsums, die in dieser Arbeit ja nicht näher diskutiert werden soll, würde jedoch ‚nachhaltig' nicht nur das Leiden und die Diskriminierung dieser Konsumenten beenden, sondern, nach einer Berechnung von Justus Haucap Professor für Volkswirtschaftslehre, aus dem Jahr 2018 erhebliche staatliche Mittel, u. a. auch für die Erforschung des nachhaltigen Beitrags von Nutzhanf freisetzen, denn: „*Die ermittelten 1,1 Mrd. Euro an eingesparten Kosten im Rahmen der Rechtsdurchsetzung spiegeln damit nur eine konservative Untergrenze wider. Insgesamt ergibt sich ein Betrag von 2,66 Mrd. Euro, der durch eine Legalisierung eingenommen werden kann, einerseits durch Steuereinnahmen und andererseits durch eingesparte Ausgaben.*"[162] Ein

---

[157] Business Insider Deutschland (2021).

[158] UNODC (o. J.)

[159] DNS Weiterentwicklung (2021, S. 337).

[160] Polizei (2020).

[161] Statista (2020a, S. 48).

[162] Haucap (2018).

Betrag, den Haucap (2021) in einer Neuauflage seiner Berechnung inzwischen mit 4,7 Mrd. beziffert.[163]

4.9   SDG 4: Hochwertige Bildung und Forschung

Die Bundesregierung versteht unter dem Ziel 4 ebenso wie die UN in ihren beiden Berichten, relativ eng gefasst, im Wesentlichen die Schul- und Hochschulbildung. Aber schon die ausführlicher zitierten südbadischen Hanfbauern planten für August 2020 ‚Badische Nutzhanftage‘, die leider wegen Corona ausfielen, auf denen: *„nicht nur namhafte Redner über bereits bestehende Initiativen berichten, sondern es wird auch verschiedene Praxisseminare geben, in denen die Bevölkerung Hanf als regionalen, nachhaltigen Baustoff (Hanfkalk, Dämmwolle) kennenlernt, das Potenzial der stärksten einheimischen Naturfaser erlebt, sowie die große Bedeutung vom hochwertigen Hanfsamenöl und Hanfsameneiweis erfährt.“*[164] Angesichts der von der illegalisierten THC-Droge eingefärbten Drohkulisse, möchte man diese Forderung gerne im Hinblick auf eine eigenständige positive Hanf-Nachhaltigkeits-Diskussion verallgemeinern, die dann auch auf die traditionelle THC-Drogen-Perspektive zurückwirken könnte; ähnlich, wie dies seinerzeit 2017 mit dem medizinischen Hanfgesetz erreicht wurde, dem unmittelbar noch im Mai 2017 unter dem Titel ‚Cannabis und Cannabinoide in der Medizin‘ eine *„Fortbildungsveranstaltung der Arbeitsgemeinschaft Cannabis als Medizin e. V. in Zusammenarbeit mit der Landesärztekammer Hessen und der Stadt Frankfurt"* folgte.[165]

Vor allem muss jedoch eine zureichende, medizinische, agrarische und technologische Erforschung sowohl des medizinischen wie des agrarischen Nutzhanfs entwickelt und gefördert werden; sei dies im Rahmen der auch hier gelegentlich angesprochenen Förderprogramme, oder sei dies im Rahmen des FONA-Programms (Forschung für Nachhaltigkeit) des Bundesministeriums für Bildung und Forschung, in dem es *„in den nächsten fünf Jahren die Forschungsförderung zum Schutz des Klimas und für mehr Nachhaltigkeit auf vier Milliarden Euro* [verdoppeln will]".[166] Wobei dann dessen 2. Ziel, ‚Lebensräume und natürliche Ressourcen erforschen, schützen, nutzen‘ etwa mit den Unterzielen ‚Biodiversität Veränderungen verstehen‘, ‚natürliche Ressourcen sichern‘ mit den *„Aktionen*

---

[163] Haucap und Knoke (2021).

[164] Pix (2020, S. 9).

[165] Müller-Vahl und Grotenhermen (2017).

[166] BMBF (2020a).

14: Die Verschmutzung von Flüssen und Meeren stoppen, Aktion 15: Gesunde Böden erhalten und Land nachhaltig nutzen und Aktion 16: Weiterentwicklung von Agrar- und Ernährungssystemen"[167] und den Chancen einer ‚Kreislaufwirtschaft‘ (Aktion 17, 19) genügend Anhaltspunkte böte.

Eine solche Forschung würde nicht nur eine objektivere, wissenschaftlich abgesicherte Diskussion und Aufklärung ermöglichen, sondern zugleich auch ökonomisch Deutschland sowohl vom Importeur zum Exporteur von qualitativ hochwertiger Medizin, von langlebigen Biofasern, Baumaterialien wie Hanfbeton und Dämmmaterialien werden lassen, um so zugleich auch weltweit als Vorreiter für den so notwendigen ökologischen Bau und Landbau den Klimaschutz voranzutreiben. (SDG 9, 12–15).

Eine Forschung, die heute leider noch immer wegen der leidigen Drogen-Fixierung der Diskussion eher ein Kümmerdasein führt. Sei es, dass die Bundesregierung auf die Anfrage der Linken vom 4. 7. 2019 mit dem Statement reagiert: *„Aufgrund des geringen Marktvolumens werden etwaige Förderprogramme nicht für sinnvoll gehalten."*[168] Oder sei es, dass unter den dort im Anhang [169] aufgeführten 13 Forschungsprojekten, die zwischen dem 31.5. 2010 und 30.12. 2019 abgeschlossen wurden, lediglich ein agrarisches Projekt genannt wird, das oben als ‚Winterhanf‘-Projekt zitiert wurde.[170]

Eine Forschungs-Situation, die sich dann auch in den Fußnoten dieser Arbeit als keineswegs stets Interesse-freie Quellen niederschlägt, die, zum Teil mit privaten Spenden finanziert, mangels zureichend geprüfter wissenschaftlicher Quellen, sich gelegentlich eher als utopischer Hinweis auf mögliche Forschungsansätze lesen lassen.

4.10   SDG 17: Partnerschaften zur Erreichung der Ziele

Das abschließende Ziel 17 ist, stärker noch als die restliche Agenda 2030 international ausgerichtet, weshalb die Bundesregierung zu Beginn ihres Nachhaltigkeitsberichts 2021 schreibt: *„Die Herausforderungen der Weltgemeinschaft können nicht alleine durch die Regierungen bewältigt werden. Die erfolgreiche Umsetzung der Agenda 2030 setzt daher neue Formen der Zusammenarbeit u. a. mit der Zivilgesellschaft, nationalen Menschenrechtsorganisationen, Wirtschaft und*

---

[167] BMBF (2020b).

[168] Bureg/DIE LINKE (2019, S. 9).

[169] Bureg/DIE LINKE (2019, S. 13–14).

[170] Rinklebe (2019).

Wissenschaft auf lokaler, nationaler und globaler Ebene voraus." „Insbesondere sollen umweltfreundliche Technologien gefördert und deren Verbreitung in Entwicklungsländern ausgebaut werden."[171]
Lässt man einmal dahingestellt, in wieweit die bundesdeutschen Akteure aus solchen ‚Cannabis-Partnerschaften' Erfahrung sammeln könnten, inwieweit künftig der Handel mit medizinischen Hanf und Nutzhanf zu Gunsten dieser Entwicklungsländer ausgebaut werden kann und sollte, und ob Deutschland *„im Bereich Wissenschaft, Technologie und Innovation"* künftig die Cannabis-Forschung so weit voranbringen wird, dass man ‚Entwicklungsländern hierzu einen verbesserten Zugang' anbieten kann, so bleibt diese Frage der Partnerschaft auch innerhalb unserer nationalen Grenzen noch immer ein brennendes Problem.

So eindeutig die ‚nachhaltigen' Vorteile sind, die sich aus der Verwertung der Cannabis-Pflanze ergeben, so schwierig ist jedoch noch immer deren Realisierung, die ja praktisch und ideologisch durch ‚politische' Akteure im weiteren Sinne vorangetrieben oder bisher zumeist noch eher verhindert wird. Untersucht man diese ‚politische' Situation, stößt man immer wieder auf das an sich für diese Arbeit ausgeschlossene Problem der Illegalisierungs-Debatte, und zwar in zweifacher Weise. Einerseits mündet die Diskussion des Nutzens von Hanf immer wieder im Feld der die allgemeine Diskussion dominierende THC-Drogen-Sorge, wie etwa bei der Regelung des Nutzhanf im BtMG oder deren Anbindung an die Bundesopiumstelle. Andererseits, oder gerade deswegen, muss die engere Nutzhanf-Diskussion immer wieder auf die Legalisierung auch des Cannabis-Konsums drängen, um möglichst frei und ungehindert den Nutzhanf-Anbau zu ermöglichen. Eine unheilige Kombination, deren Lösung z. B. in Kalifornien[172] oder Kanada[173] Voraussetzung für die einschlägigen ökonomischen Erfolge war, und die durch die ‚medizinische Wende' dort wie hier eingeleitet wurde.

Bei der politischen Realisierung dieser Nachhaltigkeits-Effekte kämpfen prinzipiell zwei Fronten gegeneinander. Und zwar einerseits die Vertreter einer tief eingeschliffenen Drogen-Politik-Angst, wie sie im BtMG verankert, von den politischen Parteien im Wahlkampf eingesetzt und von der Drogenbeauftragten vertreten wurde;[174] und andererseits die anfangs angeführten Vertreter

---

[171] DNS Weiterentwicklung (2021, S. 335).
[172] Humboldt Seeds (2020).
[173] Government of Canada (2021).
[174] Grauel (2021).

aus der Wissenschaft, wie z. B. die Resolution der Strafrechtswissenschaft-
ler[175] bzw. die Reports der World Commission.[176] Eine Auseinandersetzung,
die aber auch Handels- und Industrie-politisch im Wettbewerb etwa zwischen
einer aufstrebenden Hanfindustrie und einer eingesessenen Pharma- oder Tabak-
Industrie ausgefochten wird. Wofür auf der ‚Hanfseite' etwa die Agenda des
Hanfverbandes eher die Interessen der Cannabis-Konsumenten vertritt,[177] und der
Branchenverband Cannabiswirtschaft (BvCW)[178] oder der *Europäische Verband
für Industriehanf* (EIHA) die Produzenten vertreten, während für die medizinische Seite[179] der IACM (International Association for Canabionid Medicines)[180]
aktiv ist.

Zu den Akteuren, die dieses Feld besetzen, zählt die Bundesregierung in ihrer
Deutschen Nachhaltigkeitsstrategie 2021: *„Um die Transformationen voranzubrin-
gen, kommt es auf alle Akteure an:* • *den Staat und seine Institutionen,* • *Wirtschaft,*
• *Wissenschaft und* • *Zivilgesellschaft."*[181] Hier agieren zunächst die Bundes-
und Landesregierungen mit ihren Ministerien, insbesondere der Justiz und des
Inneren, sowie der Umwelt, Wirtschaft und Landwirtschaft, für die seit 2017 in
*„jedem Ministerium möglichst auf Abteilungsleiterebene ein Ressortkoordinator
bzw. eine Ressortkoordinatorin für nach-haltige Entwicklung benannt wurden"*[182]
Eine Welt staatlicher Akteure, die sich konkret in der Gesetzgebung, in den För-
derprogrammen und insbesondere in einer ausufernd regulierenden Bürokratie
niederschlägt.

Eine entscheidende Rolle spielen dabei auch die eigentlichen politischen
Parteien, die freilich in ihren Wahlprogrammen zumeist auf der Illegalisierungs-
Ebene aktiv wurden,[183] und die erst jüngst die Legalisierung in Angriff neh-
men,[184] sowie das Publikum in den sozialen Medien, das sich fast ausschließlich
mit der Drogen-Freigabe befasst. Im engeren Kreis dieser Akteure agieren einerseits die wissenschaftlichen Medien, eine Vielzahl von Interessenverbänden, wie

---

[175] Schildower Kreis (2015).

[176] .Global Commission on Drug Policy (2021).

[177] https://hanfverband.de.

[178] https://start.cannabiswirtschaft.de/

[179] https://eiha.org/

[180] https://www.cannabis-med.org.

[181] DNS Weiterentwicklung (2021, S. 27).

[182] DNS Weiterentwicklung (2021, S. 90).

[183] Deutscher Hanfverband (2021).

[184] Suliak (2022).

etwa der BUND, und NGO's sowie die populären Medien, die sich jedoch
ebenfalls kaum vom Für und Wider dieser ‚Droge' lösen können.[185]

Und andererseits übernimmt der Markt zunehmend eine entscheidende Rolle,
einerseits als Lobby und andererseits als Beispiel, vom Freiburger Pilot-Projekt
bis hin zum internationalen Vorbild. Als Lobbyisten bekämpfen sich dabei, neben
Medizinern und, zunächst noch sehr zurückhaltend, Bauernverbänden, vor allem
die direkt an der Vermarktung Beteiligten, für die etwa der BvCW und der europäische Verband EIHA oder der Wirtschaftsverband Cannabis Austria' (WCA)
auf der einen Seite und auf der anderen Seite diejenigen, zumeist weniger offen
argumentierenden, etablierten Industrien stehen. Indem sie entweder am gegenwärtigen medizinischen Hanf gut verdienen; so können heute die Apotheken noch
immer überhöhte Preise für medizinische Hanfprodukte verlangen. Oder solche
Lobbyisten, die eine ökonomische Konkurrenz möglicher Hanfprodukte befürch-
ten, wie insbesondere die Pharma-Industrie, aber auch die etablierte Baustoff- und
Textil-Industrie. Doch hindern auch fehlendes Wissen und wirtschaftliche Erwä-
gung die Durchsetzung solcher Alternativen. So klagen zum Beispiel die Vertreter
der Zementalternative ‚Celitement': *„Doch im großen Maßstab wird Celitement,
wie sie den Zukunftszement nennen, auch mehr als zehn Jahre später noch nicht hergestellt. Dabei ist es wissenschaftlich längst ausgereift"*, sagt Stemmermann. Aber
die industrielle Umsetzung ist langwierig. Derzeit arbeiten sie an der Realisierung ihrer ersten Industrieanlage, die jährlich etwa 50.000 t Zement produzieren
soll. *„Doch einen neuen Zement auf den Mark zu bringen ist eine Mammutaufgabe.
Die Suche nach verlässlichen Partnern ist schwierig. Und lange und kostspielige
Zulassungsverfahren machen es den Forschern zusätzlich schwer."*[186]

Starke Partnerschaften werden momentan noch, vorwiegend im Kampf für
Gerechtigkeit, von Organisationen wie dem Hanfverband organisiert und die Forschung durch Spenden finanziert wie die erwähnte Studie von Justus Haucap
oder der Normenantrag des Jugendrichters Andreas Müller vor dem Bundesverfassungsgericht zur Verfassungskonformität des Cannabisverbots. Der Vorlagebe-
schluss für die Klage wurde finanziert über Spendenaufrufe in Verbindung der
Justizoffensive des DHV.[187]

Im Bereich Nutzhanf wurde auf europäischer Ebene der ‚Europäische Verband für Industriehanf (EIHA) u. a. mit dem ‚Hanf-Manifest' aktiv, das am
‚Earth Day' 2020 also am 22. April der EU-Kommissionspräsidentin Ursula

---

[185] Lesch (2016).

[186] Römer (2019).

[187] Deutscher Hanfverband (2020).

von der Leyen übergeben wurde: „*(EIHA) repräsentiert die gemeinsamen Inter-essen von Landwirten, Erzeugern und Händlern, die mit Hanffasern, -schäben, -samen, -blättern und Cannabinoiden arbeiten. Unsere Hauptaufgabe ist es, den Hanfsektor in der EU und in der internationalen Politik zu repräsentieren, zu schützen und zu fördern. Die EIHA deckt verschiedene Anwendungsbereiche des Hanfs ab, insbesondere Baustoffe, Textilien, Kosmetik, Futtermittel, Lebensmittel und Nahrungsergänzungsmittel.*"[188]

---

[188] EIHA (2020, S. 2).

Was ist zu tun? 5

5.1 Vier Grundbedingungen

Um dieses Nachhaltigkeitspotential des Nutzhanf auch praktisch wirksam werden zu lassen, müssen vier Grundbedingungen verstärkt umgesetzt werden, die dann für die jeweiligen Sachbereiche weiter zu konkretisieren wären.

Die erste, und wohl auch entscheidende Bedingung besteht darin, die enge Bindung an das BtMG aufzugeben, sei es durch eine teilweise oder umfassende Legalisierung des Cannabis/Hanf, sei es durch ein entschiedenes Heraufsetzen der 0,2 % THC-Grenze und/oder durch eine Verlegung der Zuständigkeiten aus dem Justiz- in das Agrar-Ministerium (BMEL). Um derart sowohl die überbordende Bürokratie, die engen Anbau-Grenzen und die unsinnigen Drogensorgen abzubauen.

Die zweite Bedingung, die im laufenden Text immer wieder angesprochen wurde, ist eine intensiv geförderte Forschung, sowohl im Rahmen der allgemeinen Forschungsförderung wie durch spezielle ‚Hanf-Programme‘: Von der Züchtung spezieller Hanfsorten, wie etwa frühreifender Samenhanf, über Anbau-, Ernte – und Veredelungs-Techniken, insbesondere im Textil- Plastik- und Bau-Sektor, einschließlich der dazu benötigten Maschinen bis hinein in die vergleichende CO_2-Messung und die von der oben genannten Metaanalyse so dringend verlangte medizinische Evaluationsforschung. Eine Forschung, die zugleich der so notwendigen ‚Fakten-basierten‘ Aufklärung dient, wie der ebenso notwendigen wirtschaftlichen Kosten-Senkung.

An dritter Position stünde dann eine koordinierende Programm-Strategie, die, an einer Stelle gebündelt, ein Hanf-Nachhaltigkeits-Ausbau-Programm (HNAP) entwickelt und politisch finanziell umsetzt. Wobei sie nach einer Marktanalyse

J. M. W. Westphal, *Die Nachhaltigkeit von Hanf,* essentials,
https://doi.org/10.1007/978-3-658-39335-9_5

und einer Analyse des Marktpotentials ‚Produktleitlinien' und Strategien zur
Erschließung des Marktes entwickeln müsste.[1]
Und viertens wäre es dringend an der Zeit, auch in Deutschland auf der ‚zi-
vilen Gegenseite' ein übergreifendes organisatorisches Netzwerk derjenigen zu
knüpfen, die an der nachhaltigen Umsetzung dieser Hanf-Potentiale wirtschaftlich
interessiert und beteiligt sein könnten. Etwa nach dem Beispiel des von Konsum-
Interessierten getragenen Hanfverbandes oder der Branchenverbände BvCW bzw.
Cannabis Austria und EIHA.

5.2   Bereichsspezifische Forderungen

In diesem Rahmen ließen sich dann auch die bereits formulierten Bereichs-
spezifischen Forderungen einbauen. So verlangt das Positionspapier ‚Cannabis als
Medizin' neben *„Pharmaindustrie-unabhängige[n] Fortbildungen für Ärzt*innen"*
und öffentlich geförderter *„klinische[r] Forschung zur Wirksamkeit Cannabis-
basierter Medikamente"*[2] eine ‚Senkung der Abgabepreise für Cannabisblüten
nach Schleswig-Holsteiner Vorbild' oder die ‚Abschaffung des Genehmigungs-
vorbehaltes der Krankenkassen'. Und so fordern die Freiburger Bauern in ihrem
Papier[3] neben ‚technologischen und finanziellen Investitionen' *„um das ökolo-
gische und ökonomische Potential voll auszuschöpfen"*, Anreize zum Bauen mit
Hanf, eine verbesserte Infrastruktur und eine Erhöhung *„der THC-Obergrenze
von Nutzhanf von 0,2 % auf 5 %"*, um *„unabhängiger von Saatguthändlern,
leistungsstärkere Nutzhanfsorten [anbauen zu können]."* Was die europäische
EIHA im wirtschaftlichen Interesse in ihrem Hanfmanifest von 2020[4] in zehn
Forderungen weiter konkretisiert: *„Hanfbauern sollten eine Vergütung für die
positiven externen Umwelteffekte erhalten, entweder im Rahmen des bestehenden oder eines neuen Emissionshandelssystem"*; *„Die Nutzung von hanfbasierten
Baustoffen und anderen Materialien […] im öffentlichen wie im Privatsektor [zu för-
dern]"* und ‚alle aus Hanf gewonnenen Rohstoffe als Inhaltsstoffe für Kosmetika
zuzulassen.' Wofür schließlich 122 Strafrechtsprofessoren und -professorinnen in
ihrer ‚Resolution' verlangen[5] durch *„Einrichtung einer Enquête-Kommission die*

---

[1] Bòcsa und Karus, (1997, S. 370–371).

[2] Stöver et al. (2021, S. 6).

[3] Pix (2020).

[4] EIHA (2020).

[5] Schildower Kreis (2015).

*Geeignetheit, Erforderlichkeit und normative Angemessenheit des Betäubungsmit-
telstrafrechts zu überprüfen und gegebenenfalls Vorschläge zu Gesetzesänderungen
aus solcher Evaluation abzuleiten."*

5.3   Ein ‚nachhaltiges' Fazit

Zusammengefasst ergeben sich unter Nachhaltigkeits-Gesichtspunkten **fünf
Schwerpunkte für den Einsatz der Cannabispflanze.**

Unter dem **Gesundheits-Aspekt** steht ihre medizinische Verwendung im Vor-
dergrund, doch wird sie auch zunehmend in kosmetischen Produkten und in
Nahrungsangeboten für Mensch und Tier zur Verbesserung, als Ersatz oder als
Ergänzung zu bestehenden Produkten eingesetzt.

Ökologisch dient sie landwirtschaftlichen Zwecken, wie Bodenverbesserung,
Vermeidung von Herbiziden und Pestiziden, Schonung und Verbesserung des
Wasserhaushalts sowie Förderung der Biodiversität.

Ökonomisch unterstützt der Hanfanbau einerseits die einheimische Produktion vor allem auch in mittel- und kleinbäuerlichen Betrieben, und eröffnet
andererseits aber auch neue Handels- und Industrieformen auf nationaler wie
internationaler Ebene.

Im Rahmen der zunehmenden Klima-Krise hilft er vor allem bei der Bewältigung des **CO_2 Problems.** Und zwar einerseits durch Bindung des CO_2 ähnlich
wie bei der Aufforstung und andererseits als Rohstoff-Ersatz etwa bei Kleidung,
in der Technik (Autobau) oder im Bauwesen.

Unter dem allgemeinen Aspekt *„überall inklusivere und gerechtere Gesellschaften schaffen"* dürfte die – hier nicht näher behandelte – **Legalisierung** des
Cannabis nicht nur den Forderungen der Menschenrechts-Konvention entspre-
chen, sondern erhebliche finanzielle und humanitäre Kosten einsparen.

Die Chancen einer nachhaltigen Verwendung von Hanf sollten in der Politik wie vom deutschen Bürger vorangetrieben werden. Momentan zeigen die
immensen Preise und die hohe Nachfrage leider ein anderes Bild vom Bürger, der
möchte aber nicht kann oder darf, von Bauern, die immense rechtliche Hürden zu
überwinden haben, sowie nicht alle Teile der Pflanze verwenden dürfen, über eine
Industrie, die durch komplexe Regeln und Gesetze abgeschreckt wird zu inves-
tieren, bis hin zu einer Gesellschaft, die mehr und mehr von einer wachsenden
Klimakrise bedroht wird.

Der Einsatz von Nutzhanf im Rahmen der UN-Agenda 2030 könnte diesen
Hanf zu einem Big Player auf dem Feld der Nachhaltigkeit werden lassen, sofern
er nur ungehindert seine Potenziale entfalten dürfte, da seine Bestandteile vom

Samen über die Fasern und Schäben bis hin zur Wurzel, sein Anbau und seine Verwertung direkt und indirekt einen nicht unwesentlichen Beitrag zu ihren SDG-Nachhaltigkeitszielen leisten könnten.

Würde Deutschland sich, wie inzwischen vielfach gefordert, auf diesen Nachhaltigkeits-Pfad begeben, dann würde es nicht nur wirtschaftlich, wie etwa im Bereich Erdöl-basierter Rohstoffe, ein großes Stück unabhängiger werden, sondern durch seine dazu erforderlichen politischen wie technologischen Innovationen ‚vorbildhaft' auch international das existentiell so dringende Konzept der Agenda 2030 voranbringen, die seit 2015 eine nachhaltigere Welt einfordert.

Was Sie aus diesem *essential* mitnehmen können

- Einen Einblick in den aktuellen Diskurs zu Nachhaltigkeit
- Ein Verständnis für Blockaden zur laufende Legalisierungs/Illegalisierung von Hanf und der Rolle der an der Diskussion beteiligten Akteure
- Bedeutung einschlägiger Begriffe wie Phytosanierung, Cottonisierung, urban mining, Kaskaden-Nutzung und Kreislaufwirtschaft
- Quellenbelege aus Regierungs-Publikationen, Medien und Marktangeboten

© Der/die Herausgeber bzw. der/die Autor(en), exklusiv lizenziert an Springer   53
Fachmedien Wiesbaden GmbH, ein Teil von Springer Nature 2022
J. M. W. Westphal, *Die Nachhaltigkeit von Hanf,* essentials,
https://doi.org/10.1007/978-3-658-39335-9

Literatur

Abbott, Graham (2020): Hemp-Based 'Cannabis Car' is Carbon Neutral, Stronger than Steel, in: Ganjapreneur, 18.05.2020, https://www.ganjapreneur.com/carbon-neutral-hemp-based-cannabis-car/ (zugegriffen: 26.12.2021)

AEPW (2019): Alliance to End Plastic Waste. BASF, Henkel & Co. gründen Allianz gegen Plastikmüll: in: markenartikel-magazin.de, 17.01.2019, https://www.markenartikelma gazin.de/_rubric/detail.php?rubric=marke-marketing&nr=24583&PHPSESSID=lg78fe m7bi2nfutfvuthh1fcu0 (zugegriffen: 26.12.2021)

Akzept/Aidshilfe (2019): Bundesverband Akzept e.V.; Deutsche Aids-Hilfe. 6. Alternativer Drogen- und Suchtbericht. Pabst Science Publishers (Lengerich)

Akzept/Aidshilfe (2020): Bundesverband Akzept e.V.; Deutsche Aids-Hilfe. 7. Alternativer Drogen- und Suchtbericht. Pabst Science Publishers (Lengerich)

Akzept/Aidshilfe (2021): Bundesverband Akzept e.V.; Deutsche Aids-Hilfe. 8. Alternativer Drogen- und Suchtbericht. Pabst Science Publishers (Lengerich)

Aposcope (2022): Zukunftsmarkt Cannabis. Insights aus der Apotheke 2022 https://mar ktforschung.aposcope.de/zukunftsmarkt-medizinisches-cannabis-2022/ (zugegriffen: 05.07.2022)

Barrett, John (2020): Ecological footprint and water analysis of cotton, hemp and polyes-ter, in: SEI, 11.03.2020, https://www.sei.org/publications/ecological-footprint-water-ana lysis-cotton-hemp-polyester/ (zugegriffen: 23.11.2021)

BBSR (2016): Bundesinstitut für Bau-, Stadt- und Raumforschung: Datenbasis zum Gebäu-debestand https://www.bbsr.bund.de/BBSR/DE/veroeffentlichungen/analysen-kompakt/ 2016/ak-09-2016-dl.pdf?__blob=publicationFile&v=2 (zugegriffen: 26.12.2021)

BfArM (2020): Cannabisagentur, in: Bundesinstitut für Arzneimittel und Medizinprodukte https://www.bfarm.de/DE/Bundesopiumstelle/Cannabis-als-Medizin/Cannabisagentur/_ node.html (zugegriffen: 22.12.2021)

BfArM (2021): BfArM startet Verkauf von Cannabis zu medizinischen Zwecken an Apo-theken: in: Bundesinstitut für Arzneimittel und Medizinprodukte, 07.07.2021, https:// www.bfarm.de/SharedDocs/Pressemitteilungen/DE/2021/pm6-2021.html (zugegriffen: 22.12.2021)

BfArM (2022a): Cannabisagentur. https://www.bfarm.de/DE/Bundesopiumstelle/Cannabis-als-Medizin/Cannabisagentur/_node.html (zugegriffen: 05.07.2022)

BfArM (2022a): Cannabis als Medizin: BfArM veröffentlicht Abschlussbericht zur Begleiterhebung. Nummer 5/22 vom 06.02.2022b. https://www.bfarm.de/SharedDocs/Presse
mitteilungen/DE/2022/pm05-2022.html (zugegriffen: 05.07.2022)

BFN (o. J.): Bundesamt für Naturschutz: Das Übereinkommen über die biologische Vielfalt (CBD) https://www.bfn.de/das-uebereinkommen-ueber-die-biologische-vielfalt-cbd
(zugegriffen: 27.12.2021)

BLE-Sortenliste (2022): Bundesanstalt für Landwirtschaft und Ernährung: (BLE) Sortenliste https://www.ble.de/SharedDocs/Downloads/DE/Landwirtschaft/Nutzhanf/Sorten
liste.pdf?__blob=publicationFile&v=8 (zugegriffen: 05.07.2022)

BLE 2021a: Bundesanstalt für Landwirtschaft und Ernährung: (BLE) (1.10.2021). Pressemitteilung – Nutzhanfanbau 2021: Anzahl der Betriebe und Fläche weitergewachsen
(https://www.ble.de/SharedDocs/Pressemitteilungen/DE/2021/211001_Nutzhanfanbau.
html (zugegriffen: 05.07.2022)

BLE (2022): Bundesanstalt für Landwirtschaft und Ernährung: (BLE). MERKBLATT Für
Landwirte, die im Jahr 2022 Nutzhanf anbauen. https://www.ble.de/SharedDocs/Dow
nloads/DE/Landwirtschaft/Nutzhanf/MerkblattLandwirte.pdf;jsessionid=8600386AF
2C447F1D3C88753483735B3.1_cid325?__blob=publicationFile&v=9   (zugegriffen:
05.07.2022)

BLE Nutzhanf (o. J.): Bundesanstalt für Landwirtschaft und Ernährung: Nutzhanf, in:
BLE, o. D., https://www.ble.de/DE/Themen/Landwirtschaft/Nutzhanf/nutzhanf_node.
html (zugegriffen: 26.12.2021)

Blienert, Burkart: (2021): Cannabis im Koalitionsvertrag: Wir schreiben europäische
Geschichte: In: https://www.vorwaerts.de/artikel/cannabis-koalitionsvertrag-schreiben-
europaeische-geschichte (zugegriffen: 05.07.2022)

BMBF (2020a): Bundesministerium für Bildung und Forschung: Forschung für Nachhaltigkeit, in https://www.bmbf.de/bmbf/de/forschung/umwelt-und-klima/forschung-fuer-nac
hhaltigkeit/forschung-fuer-nachhaltigkeit.html (zugegriffen: 26.12.2021)

BMBF (2020b): Bundesministerium für Bildung und Forschung. SDG Ziele, Forschung
für Nachhaltigkeit, in: Fona https://www.fona.de/medien/pdf/Ziele-FONA-Strategie.pdf
(zugegriffen: 26.12.2021)

BMEL (2021): Bundesministerium für Ernährung und Landwirtschaft: Flächen für die Rohstoffe der Zukunft, in: BMEL, o. D., https://www.bmel.de/DE/themen/landwirtschaft/bio
eokonomie-nachwachsende-rohstoffe/nachwachsende-rohstoffe-flaechen.html (zugegriffen: 23.03.2021)

BMEL (2022a): Bundesministerium für Ernährung und Landwirtschaft: Landwirtschaft,
Klimaschutz und Klimaresilienz in: BMEL, 22.06 2022, https://www.bmel.de/DE/
themen/landwirtschaft/klimaschutz/landwirtschaft-und-klimaschutz.html   (zugegriffen:
05.07.2022)

BMEL (2022a): Bundesministerium für Ernährung und Landwirtschaft: Gemeinschaftsauf-
gabe „Verbesserung der Agrarstruktur und des Küstenschutzes" (GAK), in: BMEL 21.
Feb. 2022b, https://www.bmel.de/DE/themen/laendliche-regionen/foerderung-des-lae
ndlichen-raumes/gemeinschaftsaufgabeagrarstrukturkuestenschutz/gak.html;jsessionid=
B019872672DF0C89CA015A83D47039EB (zugegriffen: 05.07.2022)

BMI (2021): Bundesministerium des Innern und für Heimat: BMI fördert mit dem Innovationsprogramm Zukunft Bau Klimaschutzforschung im Gebäudebereich, in: Bundesministerium des Innern und für Heimat, 16.02.2021, https://www.bmi.bund.de/SharedDocs/pre ssemitteilungen/DE/2021/02/klimaschutzforschung-im-gebaeudebereich.html (zugegriffen: 26.12.2021)

BMUV (2021): Bundesministerium für Umwelt, Naturschutz, nukleare Sicherheit und Verbraucherschutz. Pressemitteilung Nr. 230/21 vom 8.9.2021: Besserer Schutz für Insekten durch weniger Pflanzenschutzmittel-Einsatz. https://www.bmuv.de/pressemit teilung/besserer-schutz-fuer-insekten-durch-weniger-pflanzenschutzmittel-einsatz (zugegriffen: 27.12.2021)

BMWI (2014): Bundesministerium für Wirtschaft und Energie: Sanierungsbedarf im Gebäudebestand, https://www.bmwi.de/Redaktion/DE/Publikationen/Energie/sanierungsbe darf-im-gebaeudebestand.pdf?__blob=publicationFile&v=3 (zugegriffen: 25.12.2021)

BMWI (2021): Bundesministerium für Wirtschaft und Energie: Verkehr in: BMWI, 19.01.2021, https://www.bmwi.de/Redaktion/DE/Dossier/leichtbau.html (zugegriffen: 26.12.2021)

Bócsa, Iván; Karus, Michael (1997): Hanfanbau. Botanik, Sorten, Anbau und Ernte. C.F.Müller

Boedefeld, Christian (2021): Deutscher Großhändler importiert Cannabis aus Lesotho, in: Hanf Magazin, 10.11.2021, https://www.hanf-magazin.com/news/deutscher-grosshaen dler-importiert-cannabis-aus-lesotho/ (zugegriffen: 22.12.2021)

Böllinger, Lorenz (2016): Freigabe (in) der Diskussion. In: Helmut Pollähne, Christa Lange-Joest (Hg.): Rauschzustände. Drogenpolitik – Strafjustiz – Psychiatrie. LIT-Verlag (Berlin) 2016: 89 – 112

Böhning-Gaese, Katrin (2021): Der Verlust der Biodiversität und was wir tun können, in: Forschung und Lehre, 06.05.2021, https://www.forschung-und-lehre.de/zeitfragen/der-verlust-der-biodiversitaet-und-was-wir-tun-koennen-3698/ (zugegriffen: 26.12.2021)

Brandt, Mathias (2018): Medizinisches Cannabis in Deutschland, in: Statista Infografiken, 30.11.2018, https://de.statista.com/infografik/9533/verwendung-von-medizinischem-can nabis-in-deutschland/ (zugegriffen: 25.12.2021)

Braun, Reiner (2020): Wohnungsmarktprognose 2021/22, in: www.empirica-institut, 08.2020, https://www.empiricainstitut.de/fileadmin/Redaktion/Publikationen_Referen zen/PDFs/empi256rb.pdf (zugegriffen: 26.12.2021)

Brosius, Emily Gray (2016): Italienische Bauern bauen Hanf an, um kontaminierten Boden zu säubern – Italian Farmers are planting Hemp to clean Polluted Soil. https://netzfrauen. org/2016/07/26/italien-hanf/ (zugegriffen: 05.07.2022)

Brundtland-Bericht (1987): https://www.are.admin.ch/are/de/home/medien-und-publik ationen/publikationen/nachhaltige-entwicklung/brundtland-report.html (zugegriffen: 05.07.2022)

Bundesverfassungsgericht (2021): BUND für Naturschutz und Umwelt in Deutschland, 29.04.2021, https://www.bund.net/service/presse/pressemitteilungen/detail/news/bahnbr echendes-klima-urteil-des-bundesverfassungsgerichts/ (zugegriffen: 20.10.2021)

Bureg (2019a): Bundesregierung (2019): Insekten besser schützen. www.bundesregierung.de/breg-de/aktuelles/aktionsprogramm-insektenschutz-1581358 (zugegriffen: 05.07.2022)

Bureg (2020a): Bundesregierung: Mehr E-Mobilität, in: Bundesregierung, 2020, https://
www.bundesregierung.de/breg-de/themen/klimaschutz/verkehr-1672896   (zugegriffen:
28.12.2021)

Bureg (2021): Bundesregierung, 04.07.2021: Einweg-Plastik wird verboten.
https://www.bundesregierung.de/breg-de/themen/nachhaltigkeitspolitik/einwegplastik-wird-
verboten-1763390 (zugegriffen: 26.12.2021)

Bureg (2022): Bundesregierung, 24.2.2022: Insektenschutz. Weniger Pflanzenschutzmittel
einsetzen.   https://www.bundesregierung.de/breg-de/suche/insekten-schuetzen-1852558
(zugegriffen: 05.07.2022)

Bureg (2022a): Bundesregierung, 17.2.2022. Mehr bezahlbare und klimagerechte Wohnungen schaffen https://www.bundesregierung.de/breg-de/suche/wohnungsbau-bundesregier
ung-2006224 (zugegriffen: 05.07.2022)

Bureg/BÜNDNIS 90/DIE GRÜNEN (2020): (Antwort der Bundesregierung auf die Kleine
Anfrage der Abgeordneten Dr. Kirsten Kappert-Gonther, Maria Klein-Schmeink, Kor-
dula Schulz-Asche, weiterer Abgeordneter und der Fraktion BÜNDNIS 90/DIE GRÜ-
NEN) Drucksache 19/22651, in: Deutscher Bundestag, 17.09.2020, https://dserver.bun
destag.de/btd/19/226/1922651.pdf (zugegriffen: 15.10.2021)

Bureg/DIE LINKE (2019b): Antwort der Bundesregierung auf die Anfrage der Abgeordneten Kirsten Tackmann, Niema Movassat, Gesine Lötzsch: Nutzhanf- Agrarstoff mit
Potential, in: Deutscher Bundestag, 04.07.2019, https://dserver.bundestag.de/btd/19/113/
1911377.pdf (zugegriffen: 22.12.2021)

Bureg/DIE LINKE (2020b): Antwort der Bundesregierun: Versorgungssituation und Bedarf
von medizinischem Cannabis, in: Deutscher Bundestag, 23.03.2020, https://dserver.bun
destag.de/btd/19/182/1918292.pdf (zugegriffen: 16.11.2021)

Bureg/DIE LINKE/Bündnis 90/DIE GRÜNEN (2021): Antwort der Bundesregierung:
Potenziale des Nutzhanfanbaus voll ausschöpfen, in: Deutscher Bundestag, 14.01.2021,
https://dserver.bundestag.de/btd/19/258/1925883.pdf (zugegriffen: 22.12.2021)

Bureg/FDP (2020c): Antwort der Bundesregierung Anfrage der Abgeordneten Nicole
Bauer, Frank Sitta, Dr. Gero Clemens Hocker, weiterer Abgeordneter und der Fraktion der FDP. Drucksache 19/24964 -Potential der Nutzhanfpflanze-, in: Deutscher
Bundestag, 21.12.2020, https://dserver.bundestag.de/btd/19/254/1925497.pdf (zugegriffen: 25.12.2021)

Business Insider Deutschland (2021): Legalisierung von Cannabis: Özdemir kündigt großflächigen Anbau an, in: Business Insider, 27.12.2021, https://www.businessinsider.de/pol
itik/legalisierung-von-cannabis-bauern-in-den-startloechern-a/ (zugegriffen: 28.12.2021)

BvCW Elemente Bd. 3 (2021a): Branchenverband Cannabiswirtschaft e.V.. Elemente Band
3: Positionen & Ziele
des Fachbereich Medizinalcannabis. In: https://start.cannabiswirtschaft.de/wp-content/upl
oads/2021/10/ELEMENTE_3_Positionen_Medizinalcannabis_BvCW.pdf (zugegriffen:
05.07.2022)

BvCW. Elemente Bd. 4 (2020): Brachenverband Cannabiswirtschaft e.V. Elemente
Band 4: Für einen geregelten CBD-Markt! https://start.cannabiswirtschaft.de/wp-con
tent/uploads/2021/02/ELEMENTE_4_Positionierung_CBD_BvCW.pdf   (zugegriffen:
05.07.2022)

BvCW. Elemente Bd 5: Branchenverband Cannabiswirtschaft e.V. Elemente Band 5: Übersicht zum rechtlichen Status von CBD in Europa (zugegriffen: 05.07.2022)

BvCW. Elemente Bd. 12 (2021): Branchenverband Cannabiswirtschaft e.V. Elemente Band 12: Hanf als nachwachsender Rohstoff. Positionen und Forderungen – aus dem Fachbereich Nutzhanf & Lebensmittel. In: https://start.cannabiswirtschaft.de/wp-content/uploads/2021/05/ELEMENTE12_Nutzhanf_Positionierungen_BvCW.pdf (zugegriffen: 05.07.2022)

BvCW Elemente Bd. 15 (2021b): Branchenverband Cannabiswirtschaft e.V. Elemente Band 15: Zum Umgang mit Cannabis und Cannabisprodukten in der EU. Übersetzung einer Übersicht zu rechtlichen Voraussetzungen https://start.cannabiswirtschaft.de/wp-content/uploads/2021/08/ELEMENTE_15_Cannabis_in_der_EU_BvCW.pdf (zugegriffen: 05.07.2022)

BvCW Elemente Bd. 19 (2022): Branchenverband Cannabiswirtschaft e.V. Elemente Band 19: Nutzhanf in Deutschland – Übersicht in Zahlen: In: https://start.cannabiswirtschaft.de/wp-content/uploads/2022/03/ELEMENTE_19_V1.2_Zahlenwerk_Nutzhanf_BvCW.pdf (zugegriffen: 05.07.2022)

Callaway, J. (2004): Hempseed as a nutritional resource: An overview, in: SpringerLink, 01.01.2004, https://link.springer.com/article/https://doi.org/10.1007/s10681-004-4811-6?error=cookies_not_supported&code=4d365ef0-f7f5-46e7-ae9d-b02d31bd15a5 (zugegriffen: 25.12.2021)

Canna Connection (2021): Chernobyl – Sorteninformationen: in: Cannaconnection, https://www.cannaconnection.de/sorten/chernobyl (zugegriffen: 26.12.2021)

Cantourage (2021): medizinisches Cannabis aus Jamaika in Deutschland ab sofort verfügbar, in: Krautinvest, 01.09.2021, https://krautinvest.de/cantourage-cannabis-aus-jamaika-in-deutschland-ab-sofort-verfuegbar/ (zugegriffen: 22.12.2021)

CANSATIVA (2021): Medizinisches Cannabis für Apotheken und Großhandel: in: Cansativa, 07.07.2021, https://www.cansativa.de/de/ (zugegriffen: 22.12.2021)

Civantos D. (2017): Cannabis kann verseuchte Böden entgiften und regenerieren https://www.dinafem.org/de/blog/cannabis-aufbereitung-verseuchte-boden/ (zugegriffen: 05.07.2022)

Demortain, Pierre (2018): Breakthrough in lightweight biomaterials gains momentum: in: Faurecia, 14.03.2018, https://www.faurecia.com/en/newsroom/breakthrough-lightweight-biomaterials-gains-momentum?fbclid=IwAR0OMAHQAky4_kRPwcGYZA5yh18GJP3NhupYqW_juvxbKt28fstAQ2tnovs (zugegriffen: 26.12.2021)

Deutscher Hanfverband (2020): Bundesverfassungsgericht vor Prüfung des Cannabisverbots, in: Deutscher Hanfverband, 03.06.2020, https://hanfverband.de/nachrichten/pressemitteilungen/bundesverfassungsgericht-vor-pruefung-des-cannabisverbots (zugegriffen: 27.12.2021)

Deutscher Hanfverband (2021): Wahlanalyse zur Bundestagswahl am 26.09.2021 https://hanfverband.de/wahlcheck_btw21 (zugegriffen: 27.12.2021)

Deutsches Institut für Entwicklungspolitik: Sustainable Development Solutions Network (SDSN), in: The German Development Institute/Deutsches Institut für Entwicklungspolitik (DIE), o. D., https://www.die-gdi.de/sdsngermany/ (zugegriffen: 19.10.2021)

Dinafem Seeds (2021): Hanfsamen von höchster Qualität kaufen, in: Dinafem, https://www.dinafem.org/de/hanfsamen-kaufen/ (zugegriffen: 26.12.2021)

DNS (2017): Deutsche Nachhaltigkeitsstrategie Neuauflage 2016. In: Nachhaltigkeitsreport, 2017, https://www.bundesregierung.de/resource/blob/975292/730844/3d30c6c2875a9a0 8d364620ab7916af6/deutsche-nachhaltigkeitsstrategie-neuauflage-2016-download-bpa-data.pdf (zugegriffen: 05.07.2022)

DNS Dialogfassung (2021): Deutsche Nachhaltigkeitsstrategie – Dialogfassung https://www.bundesregierung.de/resource/blob/998006/1793018/73d3189a28be9f3043c7736d 3e1de4df/dns2021-dialogfassung-data.pdf?download=1 (zugegriffen: 05.07.2022)

DNS Weiterentwicklung (2021): Deutsche Nachhaltigkeitsstrategie Weiterentwicklung in: www.bundesregierung.de, 03.08.2021, https://www.bundesregierung.de/resource/blob/998006/1873516/3d3b15cd92d0261e7a0bcdc8f43b7839/2021-03-10-dns-2021-finale-langfassung-nicht-barrierefrei-data.pdf?download=1 (zugegriffen: 07.10.2021)

Drogenbeauftragte (2021): Pressemitteilung der Drogenbeauftragten vom 27.7.2021 Rausch-giftkriminalität in Deutschland steigt weiter an in: Die Drogenbeauftragte der Bundesre-gierung, 27.07.2021, https://www.drogenbeauftragte.de/presse/detail/rauschgiftkriminal itaet-in-deutschland-steigt-weiter-an/ (zugegriffen: 15.10.2021)

Dutta, Dipayan (2018): Forget Electric Cars! Henry Ford's Cannabis car was made from Hemp: 10xStronger than steel, 100% green!, in: The Financial Express, 17.11.2018, https://www.financialexpress.com/auto/car-news/forget-electric-cars-henry-fords-cannabis-car-was-made-from-hemp-10xstronger-than-steel-100-green/1384733/ (zugegriffen: 26.12.2021)

EIHA (2020a): Hanf ein wirklich grüner Deal, in: European Industrial Hemp Associa-tion https://eiha.org/wp-content/uploads/2020/09/Hanf-ein-wirklicher-gru%CC%88ner-Deal_DE.pdf (zugegriffen: 25.12.2021)

EIHA (2020a): EIHA veröffentlicht Hanf Manifest: Hanf als Wegweiser in eine nach-haltige Wirtschaft, in: presseportal.de, 21.04.2020b, https://www.presseportal.de/pm/141 925/4576796 (zugegriffen: 27.12.2021)

Endris, Julia (2020): Medizinalhanf: Wer beliefert die Apotheken mit deutschem Cannabis?, in: Avoxa – Mediengruppe Deutscher Apotheker GmbH, 20.08.2020, https://www.pha rmazeutische-zeitung.de/wer-beliefert-die-apotheken-mit-deutschem-cannabis-119659/ (zugegriffen: 22.12.2021)

Energie-Experten (2016): Dämmung mit Hanf: Herstellung, Dämmwerte und Verarbeitung im Überblick, in: energie-experten, 08.06.2016, https://www.energie-experten.org/bauen-und-sanieren/daemmung/daemmstoffe/hanfdaemmung (zugegriffen: 25.10.2021)

Faurecia (2018): Immer mehr Biomaterialien im Auto: Faurecia setzt seit 10 Jahren auf NafiLean: in: Wiztopic, 21.07.2018, https://www.wiztopic.com/news/immer-mehr-bio materialien-im-auto-faurecia-setzt-seit-10-jahren-auf-nafileantm-und-treibt-nachhaltige-mobilitatslosungen-voran-77e7-0a54a.html (zugegriffen: 26.12.2021)

FAO (2020): Food and Agriculture Organization of the United Nations: Das Potenzial der Agrarökologie zur Absicherung gegen den Klimawandel und Aufbau widerstandsfähiger und nachhaltiger Lebensgrundlage und Ernährungssysteme, in: FAO, 2020, http://www.fao.org/3/cb0486de/CB0486DE.pdf (zugegriffen: 26.12.2021)

Flicker, Nathaniel; K. Poveda; H. Grab (2020): The Bee Community of Cannabis sativa and Corresponding Effects of Landscape Composition, in: Environmental Entomology Oxford Academic, 02.2020, https://academic.oup.com/ee/article/49/1/197/5634339? login=true (zugegriffen: 27.12.2021)

FNR (o. J.): Fachagentur Nachwachsende Rohstoffe: Winterhanf (Hanf als Winterzwischen-frucht). https://pflanzen.fnr.de/industriepflanzen/faserpflanzen/winterhanf-hanf-als-win terzwischenfrucht (zugegriffen: 27.12.2021)

FNR (2022). Fachagentur Nachwachsende Rohstoffe: Förderprogramm „Nachwachsende Rohstoffe", in: FNR, o. D., https://www.fnr.de/projektfoerderung/foerderprogramm-nac hwachsende-rohstoffe (zugegriffen: 05.07.2022)

Frahm, Christian (2013): Hanffasern im Autobau, in: DER SPIEGEL, 14.03.2013, https:// www.spiegel.de/auto/aktuell/autos-aus-hanf-naturfasern-werden-in-der-karosserie-ver baut-a-878973.html (zugegriffen: 26.12.2021)

Gassmann,Michael (2020): So will die Anti-Müll-Allianz die Welt vom Plastik befreien. In: https://www.welt.de/wirtschaft/article214749950/Allianz-gegen-Plastikmuell-in-der-Umwelt-1-5-Milliarden-Dollar-im-Kampf-gegen-Abfall.html (zugegriffen: 05.07.2022)

Gebhardt, Kathrin (2016): Backen mit Hanf: Berauschend gut!, 3. Aufl., Aarau, Schweiz: Nachtschatten Verlag

Geyer, Steffen (2006): Warum Hanf? Über die ökologischen und ökonomischen Möglich-keiten des Biorohlstoffs Hand. In; Hanfverband 2006. https://hanfverband.de/sites/hanfve rband.de/files/dhv_warum_hanf.pdf (zugegriffen: 16.11.2021)

Global Commission on Drug Policy (2021): in: The Global Commission on Drug Policy, Reports. https://www.globalcommissionondrugs.org/reports (zugegriffen: 27.12.2021)

Götze, Susanne: (2021): Viele Bestandsbauten sind eine Katastrophe, in: DER SPIEGEL, Hamburg, Germany, 31.08.2021, https://www.spiegel.de/wissenschaft/mensch/klimas chutz-bei-gebaeuden-viele-bestandsbauten-sind-fuers-klima-eine-katastrophe-a-60b 0e8c4-9256-472a-888c-ec6f531683d6 (zugegriffen: 16.11.2021)

Government of Canada (2021): Cannabis Legalization and Regulation: in: Government of Canada, 07.07.2021, https://www.justice.gc.ca/eng/cj-jp/cannabis/ (zugegriffen: 27.12.2021)

Grauel, Marie-Luise (2021): Drogenbeauftragte: Besitz von sechs Gramm Cannabis soll keine Straftat mehr sein, in: Berliner Zeitung, 23.08.2021, https://www.berliner-zeitung. de/news/bundesdrogenbeauftragte-6-gramm-cannabis-besitz-soll-keine-straftat-mehr-sein-li.178462 (zugegriffen: 25.10.2021)

Greenpeace (2019): Klimakiller Kunststoff, in: Greenpeace, 17.05.2019, https://www.greenp eace.de/engagieren/nachhaltiger-leben/klimakiller-kunststoff (zugegriffen: 26.12.2021)

Greenpeace (2020): Die Rechnung geht auf, in: Greenpeace, 10.04.2020, https://www.greenp eace.de/biodiversitaet/meere/meeresschutz/rechnung-geht (zugegriffen: 26.12.2021)

Greenvision (2019): Hanfplastik als Verpackungsalternative, in: CBD Guide Aus-tria, 18.07.2019, https://cbdguideaustria.com/hanfplastik-als-verpackungsalternative/ (zugegriffen: 26.12.2021)

Grimm, Roland (2020): Öko-Wandbaustoff: Was ist Hanfkalk?, in: baustoffwissen, 03.02.2020, https://www.baustoffwissen.de/baustoffe/baustoffknowhow/boden_und_ wand/oeko-wandbaustoff-was-ist-hanfkalk/ (zugegriffen: 25.12.2021)

Grotenhermen, Franjo (2020): Die Heilkraft von CBD und Cannabis: Wie wir mit Hanfpro-dukten unsere Gesundheit verbessern können. Rowohlt Verlag

Grotenhermen, Franjo (2021): Cannabis als Medizin: Irritierende Aussagen im Cannabis-Report der BKK Mobil Oil. In: akzept e.V., Deutsche Aidshilfe (Hrsg) 8. Alternativer Drogen- und Suchtbericht 2021 (Akzept/Aidshilfe (2021 S. 155 -162)

Handelsblatt (2018): In Kanada boomt der Markt für medizinisches Cannabis. In: Handelsblatt vom 19.2.2018 https://www.handelsblatt.com/unternehmen/handel-konsumgueter/pharmaindustrie-in-kanada-boomt-der-markt-fuer-medizinisches-cannabis/20979060.html (zugegriffen: 05.07.2022) https://www.handelsblatt.com/unternehmen/handel-konsumgueter/pharmaindustrie-in-kanada-boomt-der-markt-fuer-medizinisches-cannabis/20979060.html?ticket=ST-6884829-esWXgDxdin5ml19gbrfK-cas01.example.org (zugegriffen: 25.12.2021)

Hanfare (o. J.) Ihr zuverlässiges Versandhaus für Nutzhanfprodukte seit 2005. In, https://www.hanfare.de/?gclid=Cj0KCQjwm9yJBhDTARIsABKIcGaIvbSRE414jkhv9HBugBc39GK9jnAa9WHSX0tLgxPHZKnJ4D0fN7AaAuJ9EALw_wcB (zugegriffen: 25.12.2021)

Haucap, Justus (2018): Die Kosten der Cannabis-Prohibition, in: Hanfverband, 14.11.2018, https://hanfverband.de/sites/default/files/cannabis_final-141118.pdf (zugegriffen: 27.12.2021)

Haucap, Justus; Knoke, Leon (2021): Fiskalische Auswirkungen einer Cannabislegalisierung in Deutschland: Ein Update. https://www.dice.hhu.de/fileadmin/redaktion/Fakultaeten/Wirtschaftswissenschaftliche_Fakultaet/DICE/Bilder/Nachrichten_und_Meldungen/Fiskalische_Effekte_Cannabislegalisierung_final.pdf (zugegriffen: 05.07.2022)

Hempopedia (o. J.a): Verwendung in der Automobilindustrie. In: http://www.hempopedia.com/verwendungundverbreitung/verwendunginderautomobilindus.html (zugegriffen: 26.12.2021)

Hempopedia (o. J.b): Verwendung in der Papierindustrie. In: http://www.hempopedia.com/verwendungundverbreitung/hanfinderpapierindustrie.html (zugegriffen: 26.12.2021)

HempToday (2020): European Parliament signs off on raising EU THC limit to 0.3%: in: HempToday, 30.10.2020, https://hemptoday.net/european-parliament-signs-off-on-raising-eu-thc-limit-to-0-3/ (zugegriffen: (22.12.2021)

Herer, Jack und M. Bröckers (1994): Die Wiederentdeckung der Nutzpflanze Hanf. Heyne-Verlag

Hoch, Eva; Chris Maria Friemel; Miriam Schneider (2019): Cannabis: Potenzial und Risiko: Eine wissenschaftliche Bestandsaufnahme, 1. Aufl. 2019, Berlin, Deutschland: Springer

Humboldt Seeds (2017): Von Apulien nach Tschernobyl: Die Wirkung von Hanf auf die Regeneration des Erdreichs, in: Humboldt Seeds, 06.01.2017, https://www.humboldtseeds.net/de/blog/cannabis-zur-regenerierung-von-boeden/ (zugegriffen: 26.12.2021)

Humboldt Seeds (2020a): Zehn große Probleme der Marihuanaindustrie zwei Jahre nach der Legalisierung: in: Humboldt Seeds, 14.02.2020, https://www.humboldtseeds.net/de/blog/probleme-kalifornische-marihuanaindustrie-nach-legalisierung/ (zugegriffen: 27.12.2021)

IPCC (2021): AR6 Climate Change 2021: The Physical Science Basis: in: IPCC, 06.08.2021, https://www.ipcc.ch/report/sixth-assessment-report-working-group-i/ (zugegriffen: 18.10.2021)

IPCC (2022): IPCC sixth Assessment Report. Mitigation o Climate Change. https://www.ipcc.ch/report/ar6/wg3/ (zugegriffen: 05.07.2022)

Jacobs, Caleb (2017): The Renew SportsCar is Made With 100 Pounds of Cannabis, in: The Drive, 20.07.2017, https://www.thedrive.com/article/12712/the-renew-sports-car-is-made-with-100-pounds-of-cannabis (zugegriffen: 26.12.2021)

Jähnert, Christopher (2021): Christopher Jähnert im Interview mit der Drogenbeauftrag-ten Daniela Ludwig: "Sehe keinen Weg zur Cannabis-Legalisierung", in: swr.online, 11.06.2021, https://www.swr.de/swraktuell/radio/drogenbeauftragte-sehe-keinen-weg-zur-cannabis-legalisierung-100.html (zugegriffen: 17.10.2021)

Johnsen, Erik und G. Maag (2020): Medizinal-Cannabis, in: IQVIA – Powering Healthcare with Connected Intelligence, 2020, https://www.iqvia.com/-/media/iqvia/pdfs/germany/publications/artikel-in-der-fachpresse/iqvia-artikel-medizinal-cannabis-pharmind-0621.pdf (zugegriffen: 25.12.2021)

Karlsson, L.; Finell, M.; Martinson, K. (2010): . Effects of increasing amounts of hempseed cake in the diet of dairy cows on the production and composition of milk: in: ScienceDirect, 01.01.2010, https://www.sciencedirect.com/science/article/pii/S1751731110001254 (zugegriffen: 25.12.2021)

Klein, Axel und B. Stothard (2018): Collapse of the Global Order on Drugs: From UNGASS 2016 to Review 2019. Emerald Publishing Limited

Klimapakt Deutschland (2021): in: Bundesministerium für Umwelt, Naturschutz und nukleare Sicherheit, 12.05.2021, https://www.bmu.de/fileadmin/Daten_BMU/Download_PDF/Klimaschutz/klimapakt_deutschland_bf.pdf (zugegriffen: 20.10.2021)

Klimaschutzgesetz 2021: in: Generationenvertrag für das Klima, 12.07.2021, https://www.bundesregierung.de/breg-de/themen/klimaschutz/klimaschutzgesetz-2021-1913672 (zugegriffen: 21.10.2021)

Klima-Übereinkommen von Paris (2015): ÜBEREINKOMMEN VON PARIS: in: EUR-Lex Access to European Union Law, 19.10.2016, https://eur-lex.europa.eu/legal-content/DE/TXT/?uri=CELEX:22016A1019(01) (zugegriffen: 16.10.2021)

Klöckner, Julia (2018): Neue Produkte: Aus Natur gemacht, in: Bundesministeriums für Ernährung und Landwirtschaft, 03.08.2018, https://www.bmel.de/SharedDocs/Downloads/DE/Broschueren/NeueProdukteAusNaturGemacht.pdf?__blob=publicationFile&v=8 (zugegriffen: 22.12.2021)

Knauer, Sebastian (2005): Banane im Heck. https://www.spiegel.de/auto/werkstatt/daimlerchrysler-banane-im-heck-a-363551.html (zugegriffen: 05.07.2022)

Knodt, Micha (2021): Medizin, Droge oder Lebensmittel? Die EU streitet seit Jahren um CBD, in: Krautinvest, 05.05.2021, https://krautinvest.de/medizin-droge-oder-lebensmittel-die-eu-streitet-seit-jahren-um-cbd/ (zugegriffen: 25.10.2021)

kochbar (2022): https://www.kochbar.de/rezepte/hanf.html (zugegriffen: 05.07.2022)

Kuebler, Martin (2020): Wie der Klimawandel die Landwirtschaft in Europa verändert. https://www.dw.com/de/klimawandel-dürre-landwirtschaft-deutschland-bauer-trockenheit/a-53825523 (zugegriffen: 05.07.2022)

Lesch, Harald (2016): Wie gefährlich ist Hanf?, in: YouTube, 11.05.2016, https://www.youtube.com/watch?v=FD1HikaELK4 (zugegriffen: 27.12.2021)

MRL Baden-Württemberg (2020): Ministerium für Ländlichen Raum und Verbraucherschutz Baden-Württemberg: Merkblatt zur Beantragung der Direktzahlungen für Hanfflächen, in: Agrarpolitik & Förderung, 03.2020, https://foerderung.landwirtschaft-bw.de/pb/site/pbs-bw-mlr/get/documents_E-126616404/MLR.LEL/PB5Documents/fiona/2020/Merkblaetter/DZ%20-%20Merkblatt%20zum%20Anbau%20von%20Hanf%20GA%202020.pdf?attachment=true (zugegriffen: 27.12.2021)

Müller-Vahl, Kirsten; Grotenhermen, Franjo (2017): Medizinisches Cannabis: Die wichtigsten Änderungen. Dtsch Arztebl 2017; 114(8): A-352/B-306/C-300. http://politik-fuer-menschen-mit-handicap.de/documents/Deutsches_Aerzteblatt_Medizinisches_C annabis_-_Die_wichtigsten%20Aenderungen_(24.02.2017).pdf

Neijat M. et al (2015): Hempseed Products Fed to Hens Effectively Increased n-3 Polyunsaturated Fatty Acids in Total Lipids, Triacylglycerol and Phospholipid of Egg Yolk, in: SpringerLink, 29.10.2015, https://link.springer.com/article/https://doi.org/10.1007/s11745-015-4088-7?error=cookies_not_supported&code=a7d9f330-7023-4217-b133-8bc9e2bb7c83 (zugegriffen: 25.12.2021)

Nette-group (2015): Hanf in der Textilindustrie, in: NG, 2015, https://nette-group.de/was-ist-hanf/hanf-als-rohstoff/hanf-in-der-textilindustrie (zugegriffen: 25.12.2021)

Omar, Faruk et al (2012): Biocomposites reinforced with natural fibers, in: ScienceDirect, 01.11.2012, https://www.sciencedirect.com/science/article/pii/S0079670012000391 (zugegriffen: 26.12.2021)

Orlowicz, Jessica (2020): Bienen fliegen auf Cannabis: Hanf könnte dem Bienensterben entgegenwirken, in: RND, 26.07.2020, https://www.rnd.de/wissen/bienen-fliegen-auf-cannabis-hanf-konnte-dem-bienensterben-entgegenwirken-DIEMEIGG3ZGHNJBWDZ65RCQBQA.html (zugegriffen: 27.12.2021)

Pix, Reinhold (2020): Nutzhanf im Zeichen der Klimakrise, der nachhaltigen Landwirtschaft, der Rohstoffwende, in: Reinhold Pix Landtagsabgeordneter der Bündnis90/Die Grünen, 29.01.2020, https://www.reinhold-pix.de/wp-content/uploads/2020/03/Reader-Nutzhanf-02-2020.pdf (zugegriffen: 26.12.2021)

Plumb, Cedric (1941): Henry Ford's Hemp Car (1941): in: verymagazine, o. D., http://www.verymagazine.org/magazine/216-overview-issue20/877-henry-fords-hemp-car-1941 (zugegriffen: 26.12.2021)

Podbregar, Nadja (2020): Hanf, eine wassersparende Alternative zur Baumwolle?, in: Wissenschaft, 06.11.2020, https://www.wissenschaft.de/umwelt-natur/hanf-eine-wasser sparende-alternative-zur-baumwolle/ (zugegriffen: 26.12.2021)

Polizei (2020): Zahlen zu Drogendelikten, in: Polizei dein Partner Gewerkschaft der Polizei, 06.08.2020, https://www.polizei-dein-partner.de/themen/sucht/drogen/detailansicht-drogen/artikel/zahlen-zu-drogendelikten.html (zugegriffen: 27.12.2021)

Porsche (2019): New Porsche 718 Cayman GT4 Clubsport featuring natural-fibre body parts, in: Porsche, 2019, https://www.porsche.com/international/aboutporsche/pressrele ases/pag/?id=525217&pool=international-de&lang=none (zugegriffen: 26.12.2021)

PottsAntiques (2010): The Hemp Car – Myth Busted, in: theangryhistorian, 24.10.2010, http://theangryhistorian.blogspot.com/2010/10/hemp-car-myth-busted.html (zugegriffen: 26.12.2021)

Proplanta (2021): Agrarsubventionen 2020: Proplanta veröffentlicht Liste und Top-Empfänger. https://www.proplanta.de/agrar-nachrichten/unternehmen/agrarsubvent ionen-2020-proplanta-veroeffentlicht-liste-und-top-empfaenger_article1622025002.html (zugegriffen: 26.12.2021)

Rätsch, Christian (2016): Hanf als Heilmittel, in: Google Books, 2016, https://books.goo gle.de/books?hl=de&lr=&id=v494DwAAQBAJ&oi=fnd&pg=PT3&dq=hanf++Nah rung+rezepte&ots=F4Yi7vGWUA&sig=eyzMjQytDeBVFHHDBC8wu7mFNXw#v= onepage&q=hanf%20%20Nahrung%20rezepte&f=false (zugegriffen: 25.12.2021)

Rehberg, Carina (2022): Hanföl – Eines der besten Speiseöle. https://www.zentrum-der-ges undheit.de/ernaehrung/lebensmittel/fette-oele-essig/hanfoel (zugegriffen: 05.07.2022)

Richter, Susanne (2018): Der Anbau von Faserhanf (Canabis sativa L.) als Winterzwischenfrucht, in: Bergische Universität Wuppertal, 2018, http://elpub.bib.uni-wuppertal.de/ser vlets/DerivateServlet/Derivate-8618/dd1807.pdf (zugegriffen: 22.12.2021)

Riehl, Lisa (2019): Wie nachhaltig ist die Kollektion?, in: H&M Conscious Exclusive, 25.09.2019, https://www.harpersbazaar.de/nachhaltigkeit/hm-conscious-exclusive-kollektion-2019-nachhaltig (zugegriffen: 26.12.2021)

Rinklebe, Jörg (2019): Endbericht zum Vorhaben: Anbau von Hanf (Cannabis sativa L.) als Winterzwischenfrucht Berichtszeitraum vom 20.07.2012 bis 30.11.2016, in: Fachagentur Nachwachsende Rohstoffe, 09.04.2019, https://www.fnr-server.de/ftp/pdf/berichte/22015811.pdf (zugegriffen: 26.12.2021)

Römer, Jörg (2019): Zement, der heimliche Klimakiller, in: DER SPIEGEL, Hamburg, Germany, 03.06.2019, https://www.spiegel.de/wissenschaft/zement-der-heimliche-kli makiller-a-0d863a07-d143-4335-a64e-b10de499af21?sara_ecid=soci_upd_wbMbjhOSv ViISjc8RPU89NcCvtlFcJ (zugegriffen: 26.12.2021)

Römer, Jörg (2021): 3D druck für Häuser, in: DER SPIEGEL, Hamburg, Germany, 02.10.2021, https://www.spiegel.de/wissenschaft/technik/3d-druck-fuer-haeuser-bau technik-der-zukunft-a-22468972-4b73-46f9-9a34-1d5094ce5300?sara_ecid=soci_upd_ wbMbjhOSvViISjc8RPU89NcCvtlFcJ (zugegriffen: 26.12.2021)

Rösemeier-Buhmann, Jürgen (2021): Monokultur: Wie der Anbau gleicher Sorten Landstriche zerstört, in: Nachhaltigleben.ch, 15.01.2021, https://www.nachhaltigleben.ch/ food/monokultur-wie-eine-landwirtschaftsform-der-umwelt-schadet-2761 (zugegriffen: 26.12.2021)

Rolfsmeyer, Daniel (2017): Merkblatt Hanf Kulturanleitung Hanf (Cannabis sativa L.), in: Kompetenzzentrum Ökolandbau Niedersachen, 31.10.2017, https://www.oeko-komp.de/ wp-content/uploads/2018/01/Merkblatt-Hanf.pdf (zugegriffen: 26.12.2021)

Rudorf, Julia (2021): Was können CBD-Produkte? In Apothekenrundschau (14.7.2021) https://www.apotheken-umschau.de/weitere-themen/was-bringen-cbd-produkte-777851. html (zugegriffen: 05.07.2022)

Schildower Kreis (2015): Resolution deutscher Strafrechtsprofessorinnen und –professoren an die Abgeordneten des Deutschen Bundestages, in: Schildower Kreis, 25.10.2015, https://schildower-kreis.de/resolution-deutscher-strafrechtsprofessorinnen-und-profes soren-an-die-abgeordneten-des-deutschen-bundestages/ (zugegriffen: 27.12.2021)

Schöberl, Veronika; Fritz, Maendy; Grieb Michael (2019): Hanf zur stofflichen Nutzung: Stand und Entwicklungen. Kurzfassung des Abschlussberichts in: TFZ Straubing, 12.2019, https://www.tfz.bayern.de/mam/cms08/rohstoffpflanzen/dateien/191219_kurzfassung_ hanfstoff_1107.pdf (zugegriffen: 26.12.2021)

Schönberger, Hansgeorg und Pfeffer, Phillipp (2020): Landwirtschaft: CO2-Sünder oder Retter?, in: top agrar, 06.2020, https://www.topagrar.com/dl/3/7/4/3/1/6/2/CO2-Beitrag_f inal_Doppelseiten.pdf (zugegriffen: 26.12.2021)

Schönthaler, Werner (o. J): Häuser aus Hanf. In: Build-Ing.: BIM-Fachmagazin und BIM-Plattform https://www.build-ing.de/fachartikel/detail/haeuser-aus-hanf/ (zugegriffen: 16.11.2021)

Schönthaler, Werner (2022): Hanfstein I Hanfbeton: Eigenschaften. https://www.hanfstein. eu/home-deutsch/eigenschaften/ (zugegriffen: 05.07.2022)

Schwager, Christian (2022): Das Geschäft mit Cannabis boomt – die Branche wartet auf die finale Freigabe (29.6.2022). https://www.berliner-zeitung.de/mensch-metropole/das-geschaeft-mit-cannabis-boomt-die-branche-wartet-auf-die-finale-freigabe-li.240881 (zugegriffen: 05.07.2022)

Sensi Seeds (2020b): Alles über Hanffasern und die Hanf-Textilproduktion, in: Sensi Seeds, 30.04.2020, https://sensiseeds.com/de/blog/alles-uber-hanffasern-und-die-hanf-textilproduktion/ (zugegriffen: 26.12.2021)

SGB 5 § 31 – Einzelnorm, in: Gesetze im Internet, 2017, https://www.gesetze-im-internet.de/sgb_5/__31.html#:%7E:text=%C2%A7%2031%20Arznei%2D%20und%20Verbandmittel,Richtlinien%20nach%20%C2%A7%2092%20Abs.&text=6%20ausgeschlossen%20sind%2C%20und%20auf,Verbandmitteln%2C%20Harn%2D%20und%20Blutteststreifen (zugegriffen: 25.12.2021)

Statista (2020): Entwicklung des Cannabiskonsums unter Jugendlichen in Deutschland bis 2019, in: Statista, 27.07.2020, https://de.statista.com/statistik/daten/studie/219048/umfrage/entwicklung-des-cannabiskonsums-unter-jugendlichen-in-deutschland/ (zugegriffen: 25.12.2021)

Statista (2020a): Statistisches Bundesamt: Rechtspflege Strafverfolgung Fachserie 10 Reihe 3, in: Destatis, 2020, https://www.destatis.de/DE/Themen/Staat/Justiz-Rechtspflege/Publikationen/Downloads-Strafverfolgung-Strafvollzug/strafverfolgung-2100300197004.pdf;jsessionid=E5249B881186FA3FCCEC174DC4D9624E.live721?__blob=publicationFile (zugegriffen: 27.12.2021)

Statista (2021): Bestand an zugelassenen Autos in Deutschland 2021, in: Statista, 08.09.2021, https://de.statista.com/statistik/daten/studie/12131/umfrage/pkw-bestand-in-deutschland/ (zugegriffen: 26.12.2021)

Steinort, Jennifer Ann: CBD Kosmetik Gesunde Haut mit Hanf, in: Krankenkassen-Zentrale, 01.08.2021, https://www.krankenkassenzentrale.de/produkt/cbd-kosmetik (zugegriffen: 26.10.2021)

Stiftung Warentest (2021): Produkte mit Hanf. Kapseln und Öle mit CBD im Test: in: Stiftung Warentest, 25.02.2021, S. 86–91 (zugegriffen: 05.07.2022)

Stiftung Warentest (2021a): Produkte mit Hanf – Was Kapseln und Öle mit CBD taugen, in: test.de, 26.01.2021, https://www.test.de/Produkte-mit-Hanf-Was-taugen-Kapseln-und-Oele-mit-CBD-5706119-0/ (zugegriffen: 25.10.2021)

Stiftung Warentest (2021b): Ein Mantel fürs Haus: Wärmedämmung: in:, Bd. 07, (2021, S. 64–67)

Stöver, Heino; Michels, Ingo; MüllerVahl, Kirsten; Grotenhermen, Franjo (2021): Cannabis als Medizin: Warum weitere Verbesserungen notwendig und möglich sind. In: akzept e.V., Deutsche Aidshilfe (Hrsg) 8. Alternativer Drogen- und Suchtbericht 2021 (Akzept/Aidshilfe 2021 S. 142–148)

Suliak, Hasso (2022): Geplante Cannabis-Legalisierung Was kommt ins Gesetz der Ampel? LTO Legal Tribune Online 1.7.2022. https://www.lto.de/recht/hintergruende/h/cannabis-legalisierung-ampel-konsultation-gesetzentwurf-jugendschutz-richtervorlage-blienert/ (zugegriffen: 05.07.2022)

Suman, Chandra; H. Lata; ElSohly (eds) (2017): Cannabis sativa L. – Botany and Biotechnology Springer

Telgheder, Maike (2021a): Cannabis „Made in Germany": Heimisches Hanf erobert Apotheken, in: Handelsblatt, 07.07.2021, https://www.handelsblatt.com/unternehmen/indust rie/marihuana-als-medizin-made-in-germany-jetzt-erobert-heimisches-hanf-die-apothe ken/27393830.html?ticket=ST-5574046-ta6oELCRpXG115FIcytJ-cas01.example.org (zugegriffen: 22.12.2021)

Telgheder, Maike (2021a): Cannabis als Medizin: Schwächeres Wachstum als erwartet, in: Handelsblatt, 19.01.2021b, https://www.handelsblatt.com/unternehmen/industrie/marihu ana-als-medizin-zahl-der-cannabis-patienten-steigt-aber-nicht-so-schnell-wie-erwartet/ 26793480.html?ticket=ST-6880985-woRB5YAZLy5CWVVGzgwO-cas01.example.org (zugegriffen: 25.12.2021)

Tietjen, Daniel; Behm, Christoph (2021): Einigkeit der Ampel-Koalition hinsichtlich der Legalisierung von Cannabis-Produkten. Erste Details im neuen Koalitionsvertrag. In: https://www.taylorwessing.com/de/insights-and-events/insights/2021/12/einigkeit-der-ampel-koalition-hinsichtlich-der-legalisierung-von-cannabis-produkten (zugegriffen: 05.07.2022)

Tilray (o. J.): Deutschland GmbH: Die Zukunft des medizinischen Cannabis. Gemeinsam gestalten, in: Tilray, o. D., https://tilray.de/ (zugegriffen: 26.12.2021)

Traufetter, Gerald (2021): Greenpeace und Deutsche Umwelthilfe leiten Klage gegen deutsche Großkonzerne ein. In: Der Spiegel Nr. 36, 2021. https://www.spiegel.de/wirtsc haft/unternehmen/klimakrise-greenpeace-und-deutsche-umwelthilfe-leiten-klage-gegen-deutsche-grosskonzerne-ein-a-a83a69fe-3035-46d5-9f08-dd157192b5dc (zugegriffen: 05.07.2022)

Umweltbundesamt (2014): Der Weg zum klimaneutralen Gebäudebestand https://www.umw eltbundesamt.de/sites/default/files/medien/378/publikationen/hgp_gebaeudesanierung_ final_04.11.2014.pdf (zugegriffen: 26.12.2021)

Umweltbundesamt (2015): Mikroplastik im Meer – wie viel? Woher?, in: Umweltbundesamt, 29.09.2015, https://www.umweltbundesamt.de/presse/pressemitteilungen/mikrop lastik-im-meer-wie-viel-woher (zugegriffen: 26.12.2021)

Umweltbundesamt (2018): Auswertung des Urteils des Europäischen Gerichtshofs (EuGH) vom 21. Juni 2018 in der Rechtssache C-543/16 (Kommission gegen die Bundesrepublik Deutschland) wegen Vertragsverletzung (Nitratrichtlinie 91/676/EWG), in: Umweltbundesamt, 27.06.2018, https://www.umweltbundesamt.de/sites/default/files/medien/2875/ dokumente/uba-auswertung_eugh_urteil_2018-07-26.pdf (zugegriffen: 26.12.2021)

Umweltbundesamt (2019): Wohnen und Sanieren. Empirische Wohngebäudedaten seit 2002 https://www.umweltbundesamt.de/sites/default/files/medien/1410/publikationen/ 2019-05-23_cc_22-2019_wohnenundsanieren_hintergrundbericht.pdf (zugegriffen: 05.07.2022)

Umweltbundesamt (2020): Weltweiter Autobestand, in: Umweltbundesamt, 2020, https:// www.umweltbundesamt.de/bild/weltweiter-autobestand (zugegriffen: 26.12.2021)

Umweltbundesamt (2022): IPCC-Bericht: Sofortige globale Trendwende nötig. ()13.5.2022) https://www.umweltbundesamt.de/themen/ipcc-bericht-sofortige-globale-trendwende-noetig (zugegriffen: 05.07.2022)

Universität Wien (2011): Kalkulation der Kohlenstoffbindung bei Wiederbewaldung in den Tropen, in: Regenwald, 01.12.2011, https://www.regenwald.at/fileadmin/content/filebr owser/PDF_Dokumente/CO2_Berechnung_Uni.pdf (zugegriffen: 26.12.2021)

Unkart, Enya (2020): Hanfsamen: Inhaltsstoffe, Wirkung und Anwendung, in: Utopia.de, 16.09.2020, https://utopia.de/ratgeber/hanfsamen-inhaltsstoffe-wirkung-und-anwendung (zugegriffen: 22.12.2021)

UNODC (o. J.): United Nations Office on Drugs and Crime: International Drug Control Conventions. https://www.unodc.org/unodc/en/commissions/CND/Mandate_Functions/Man date-and-Functions_Scheduling.html (zugegriffen: 27.12.2021)

USDA (2019): National Nutrient Database for Standard Reference: Hemp seed, in: USDA, 04.09.2019, https://www.uwyo.edu/ipm/_files/docs/ag-ipm-docs/hemp-ipm-docs/usda-full-nutrient-report.pdf (zugegriffen: 25.12.2021)

Vereinte Nationen (2016): SDG Bericht 2016, in: Vereinte Nationen Ziele für Nachhaltige Entwicklung, 01.01.2016, https://www.un.org/depts/german/millennium/SDG%20B ericht%202016.pdf (zugegriffen: 14.10.2021)

Vereinte Nationen (2020): SDG Bericht 2020, in: Vereinte Nationen – Ziele für Nachhaltige Entwicklung, 01.01.2020, https://www.un.org/Depts/german/millennium/SDG% 20Bericht%202020.pdf (zugegriffen: 15.10.2021)

Verwaltungsgericht Berlin (2021): Kein Vertrieb von CBD-Produkten ohne Prüfung (Nr. 13/2021): in: Berlin Pressemitteilung, 15.03.2021, https://www.berlin.de/gerichte/verwaltungsgericht/presse/pressemitteilungen/2021/presse mitteilung.1064355.php (zugegriffen: 25.10.2021)

Vosper, James (2020): The Role of Industrial Hemp in Carbon Farming, in: Parliament of Australia, 05.06.2020, https://www.aph.gov.au/Help/Federated_Search_Results? q=The+Role+of+Industrial+Hemp+in+Carbon+Farming&ps=10&pg=1 (zugegriffen: 26.12.2021)

Walch-Nasseri, Friederike (2022): Weltbiodiversitätsrat IPBES: Ohne die Wildnis stirbt der Mensch. Eine Analyse, 12.7.2022, https://www.zeit.de/wissen/umwelt/2022-07/wel tbiodiversitaetsrat-ipbes-artenschutz-bericht-umweltschutz (zugegriffen: 12.7.2022)

Welt der Wunder (2021): Plastik-Alternativen im Test – mehr Schein als Sein?, in: Welt der Wunder TV, 24.05.2021, https://www.weltderwunder.de/artikel/plastik-alternativen-im-test-mehr-schein-als-sein (zugegriffen: 26.12.2021)

Wieland, Hansjörg; Bockisch, Franz-Josef (2003) : Deutsche Schafwolle – Dämmstoff mit Zukunft?, in: Landtechnik-Online, 2003, https://web.archive.org/web/201805210 53718id_/https://www.landtechnik-online.eu/ojs-2.4.5/index.php/landtechnik/article/vie wFile/2003-4-260-261/2642 (zugegriffen: 26.12.2021)

Winkler, Gillian (2019): 5 Millionen Euro: Der größte Cannabis-Transport I Galileo I Pro-Sieben, in: YouTube, 19.11.2019, https://www.youtube.com/watch?v=zSjYM3p9lKU (zugegriffen: 26.12.2021)

Wir leben nachhaltig (o. J.): Hanf ist eine vielseitige Pflanzehttps://www.wir-leben-nachha ltig.at/aktuell/detailansicht/lebensmittel-und-superfood-hanf (zugegriffen: 25.12.2021)

Wohlers, Katja (2019): Verordnung: Was ist zu beachten?, in: Die Techniker, 11.12.2019, https://www.tk.de/techniker/gesundheit-und-medizin/behandlungen-und-medizin/can nabis-verordnung-was-beachten-2032620?tkcm=ab (zugegriffen: 25.12.2021)

Wurth, Georg (2020): CBD: Stellvertreterkrieg um Cannabidiol In: akzept e.V., Deutsche Aidshilfe (Hrsg.) 7. Alternativer Drogen- und Suchtbericht. Pabst Science Publishers (Lengerich) (2020 S. 149–156)

WVCA (o. J.): Wirtschaftsverband Cannabis Austria: Über uns – WVCA, https://www.wvca. at/ueberwvca (zugegriffen: 26.12.2021)

WWF (2019): Klimaschutz in der Beton- und Zementindustrie. Hintergrund und Handlungsoptionen   https://www.wwf.de/fileadmin/fm-wwf/Publikationen-PDF/WWF_Klimaschutz_in_der_Beton-_und_Zementindustrie_WEB.pdf (zugegriffen: 05.07.2022)

Zentrum der Gesundheit (https://www.zentrum-der-gesundheit.de/ernaehrung/lebensmittel/fette-oele-essig/hanfoel (zugegriffen: 05.07.2022)

Printed in the United States
by Baker & Taylor Publisher Services